北京工商大学学术专著项目
[ZZCB2014-13]资助出版

数字水印与信息安全技术研究

王俊杰 著

SHUZI SHUIYIN YU
XINXI ANQUAN JISHU
YANJIU

知识产权出版社
北京

图书在版编目（CIP）数据

数字水印与信息安全技术研究/王俊杰著.—北京：知识产权出版社，2014.7
ISBN 978-7-5130-2841-7

Ⅰ.①数…　Ⅱ.①王…　Ⅲ.①电子计算机－密码术－研究
②信息安全－安全技术－研究　Ⅳ.①TP309

中国版本图书馆 CIP 数据核字(2014)第 154481 号

内容提要

数字水印技术是近年来学术界研究的一个热点领域，它与信息安全、信息隐藏、数据加密等技术有密切的关系。全书共分 10 章，分别介绍了数字水印的基础知识、量化置乱与攻击、基于 DCT 变换的水印、基于 DWT 变换的水印、DCT 与 DWT 相结合的水印、基于矩阵奇异值分解的水印、基于 LSB 的鲁棒音频水印、脆弱水印、半脆弱水印、数字水印系统的应用等。本书取材广泛，内容新颖，充分反映了近几年来数字水印与信息安全领域最新的研究成果，具有很强的理论性与指导性。它既可以作为高等院校计算机、密码学、信息安全等专业本科生和研究生的教材和毕业设计指导书，又可以作为信息安全与保密通信、多媒体数字产品保护和电子商务安全等领域技术人员的参考书。

责任编辑：张　珑　　　　　　　　　　　责任出版：谷　洋

数字水印与信息安全技术研究

王俊杰　著

出版发行	知识产权出版社 有限责任公司	网　址：http://www.ipph.cn;	
电　话：010-82004826		http://www.laichushu.com	
社　址：北京市海淀区马甸南村 1 号		邮　编：100088	
责编电话：010-28000860 转 8540		责编邮箱：riantjade@sina.com	
发行电话：010-82000860 转 8101/8029		发行传真：010-82000893/82003279	
印　刷：北京中献拓方科技发展有限公司		经　销：各大网上书店、新华书店及相关专业书店	
开　本：720mm×1000 mm　1/16		印　张：13.5	
版　次：2014 年 8 月第 1 版		印　次：2014 年 8 月第 1 次印刷	
字　数：240 千字		定　价：50.00 元	
ISBN 978-7-5130-2841-7			

前　言

　　互联网和计算机技术的高速发展，加速了数字时代的到来，这使得文本、图像、音频和视频等数字媒体的存储与传播变得越来越容易，给人们的生活带来了极大的便利。但随之而来的盗版侵权、网络攻击等行为也越来越猖獗，严重侵犯了版权所有者的合法利益。因此，如何有效地保护数字媒体文件的真实性、完整性及版权信息的原始性已经成为当前形势下我们不得不面临的严峻问题。

　　以数据加密技术为代表的传统技术能够用于数字产品的内容保护。它将多媒体数据加密成密文后传送，能大大减小加密信息在传输时被截获的可能性，但它并不能完全解决问题。这是因为需要保密的信息经过加密后会成为一堆乱码，这非常容易引起攻击者的好奇心，从而加大被破解的可能性。而且数据只有在解密后才能正常使用，随着数据的解密，其保护作用也就随之消失。因此，加密技术已经不能从根本上解决多媒体信息的保密问题和版权保护问题。

　　数字水印技术就是在此背景下产生，它作为信息隐藏技术研究领域的重要分支，是实现版权保护的有效办法，受到了国内外学术界的高度关注，日渐成为信息安全领域的热点。数字水印技术是在被保护的数字多媒体信息中嵌入秘密水印信息来证明版权归属或跟踪侵权行为。嵌入的秘密水印信息既不能影响原有内容的价值和使用，也不能被人的听觉和视觉系统察觉，并且数字水印必须难以被清除和篡改。这表明数字水印技术必须具有较强的透明性、鲁棒性和安全性，必须能够经受常规的无意和恶意攻击。嵌入到载体中的水印信息可分为两种：一种是有意义水印，它可以是作者的签名、图像、公司图像、图标、特殊意义的文本、视频信号或生物特征等；另外一种是无意义水印，它的数据量小，实际应用价值不大。一般情况下，水印算法应该既能隐藏大量数据，又可以抵抗多种信道噪声、剪切等恶意攻击。但这两个指标是相互矛盾的，很难同时实现，在实际应用中，往往需要在它们之间寻找一个平衡点。

　　目前，世界上很多著名科研机构和高校都很重视数字水印技术的研究。哥伦比亚大学的 ADVENT 实验室、普渡大学图像和视频处理实验室下的多媒体安全研究组、日内瓦大学的数字水印研究组、代尔夫特大学的信息和通信理论组、MIT 和 Princeton 大学等研究机构在数字水印领域都有深入的研究。除此之外，世界一些知名的企业也相继投入到数字水印技术的研究中来，如 Philips、Macrovision、IBM、NEC、Digimarc、Sony 等公司相继成立了水印技术研究组。当下流行的图像处理软件，如 Auto CAD、Photoshop 和 Illustrator 等都具备添加水印信息的功能。总的来说，国外数字水印技术的研究主导着数字水印技术的发展方向，具有一定的研究深度和很强的现实意义。

我国科学界对数字水印技术也十分关注，国家对此方向的研究也越来越重视，当前许多研究机构和大学也参与到该领域的研究中。全国信息隐藏学术研讨会是对数字水印的研究活动中最具代表性的一个，它是我国信息安全领域很重要的一个学术交流会议，极大地促进了我国信息隐藏技术的应用与研究。自从第一届全国信息隐藏学术研讨会于1999年在北京电子技术应用研究所召开之后，时至今日该会已经举办了十一次。其中，2013年10月在西安举办的第十一届大会出现了很多优秀的文章，并取得了很多研究成果，得到了学术界的肯定。

国内一些研究单位对此前沿领域也倾注了极大的热情，有些还得到了国家相关基金项目，如"973计划""863计划"、国家自然科学等基金项目的大力支持。一些商业化的数字水印产品也推向了市场，如上海阿须数码技术有限公司是国内专门从事数字水印研究与开发的公司，目前已申请了多项国际、国内数字水印方面的技术专利。由于我国对数字水印技术的研究起步相对比较晚，与国外的研究相比，仍然有一定差距。因此，在数字水印技术的相关领域上，我们仍有许多研究需要深入下去。

本书共分10章。第1章是绪论，简要地介绍了数字水印的研究背景，研究历史、现状、将来的发展趋势，基于水印技术的保密通信意义，水印的特征与分类，系统的性能评估以及数字水印研究需要解决的主要问题。第2章主要介绍了数字水印的基础知识，包括人类听觉系统模型（HAS），采用量化方法嵌入水印信息的原理，水印的置乱技术，攻击方法等。第3、4、5章分别研究了基于DCT变换的水印算法，基于DWT域的音频水印算法和一种DWT与DCT相结合的水印算法，并对这3种算法的性能进行了比较。第6章研究了基于矩阵奇异值分解的水印。第7章研究了基于LSB的鲁棒音频水印算法。第8、9章分别研究了用于完整性认证的脆弱水印、用于内容认证的半脆弱水印。第10章研究了数字水印系统在保密通信和电子印章系统中的应用。

编写本书的目的是向广大读者介绍数字水印的各项关键技术，以及一些经典的水印算法与应用，使读者对数字水印有一个全面、系统的认识，为以后的学习和研究工作打下一定的基础。

本书的研究撰写和出版得到了北京工商大学网络中心的支持，得到了很多朋友、同仁的帮助，得到了知识产权出版社编辑们的帮助，在此深表感谢。

由于时间仓促、作者的水平有限，书中难免会有不足之处，敬请读者朋友们批评指正。

作者

2014年4月于北京

目　录

第1章 绪 论

1.1 研究的背景

近年来，随着网络通信和多媒体技术的飞速发展，人们的学习和生活越来越方便，但与此同时，网络环境下的信息安全问题也日益显露出来。因此，世界上主要的发达国家都在积极地研究实用性强、安全性高、功能完善的保密通信系统，一些著名的情报部门和机构更是积极应用隐密通信以确保国家政治、军事和经济等信息安全可靠地传输和共享。在我国，许多大学和研究机构也在积极地进行这方面的研究和探索。目前，常用的保密通信方法主要有两种。

第一种方法：数字水印技术。

数字水印技术是指将秘密水印信息嵌入到公开的载体信息中（包括图像、声音、视频等信号），使其不易被攻击者发现，从而实现文件的真伪鉴别、版权保护、保密通信等。嵌入的秘密水印信息隐藏于公开的载体文件中，不会影响其完整性，也不会影响原始载体文件的视觉与听觉效果。因此，它不易引起攻击者的注意，从而达到保密通信的目的。由于具有冗余特性的载体非常丰富，这在客观上增强了数字水印技术的隐蔽性和可行性。嵌入的秘密水印信息一般是证明版权归属或跟踪侵权行为的信息，如公司的图标，作者的签章或序列号、有意义的文本等。

第二种方法：数字加密技术。

数字加密技术就是按确定的加密变换方法（加密算法），对需要保护的数据（即明文）作出一定的处理，使它变换为难以识读的数据（即密文）。加密的基本功能包括：防止不速之客查看机密的数据文件；防止特权用户（如系统管理员）查看私人数据文件；防止机密数据被泄露或篡改；使入侵者不能轻易地查找一个系统文件。

为了使加密算法能被多人共用，在加密过程中又引入了一个可变量——加密密钥。这样，不改变加密算法，只要按照需要改变密钥也能将相同的明文加密成不同的密文，但是没有密钥的攻击者就不能正确理解通信的内容信息。

由于信息加密后通常是一堆乱码，这非常容易引起攻击者的怀疑和破解欲望，即使攻击者不能破解加密后的信息，也能成功地拦截加密后的信息或干扰通信的正常进行。因此，数据加密在防止他人从中得到信息的同时，也暴露了秘密水印信息存在这一根本事实。在实际的应用中，在能用水印技术进行保密通信的情况下，应该尽量少用数字加密技术。

Simmons 等提出的"囚犯问题"（图1-1）就是基于水印技术的保密通信的原型[1, 2]。由于两个囚犯 Bob 和 Alice 分别被关押在监狱的不同牢房，他们之间希望通过一种隐蔽的方式交换信息，但交换信息必须要通过看守 Wendy 的严密检查。因此，他们要想办法在不引起看守者 Wendy 怀疑的情况下，在看似正常的信息中，传递他们之间的秘密信息。如果他们采用加密方法进行通信容易引起 Wendy 的怀疑，因为加密信息是乱码。

一个有用的方法是将秘密的水印信息隐藏在看似普通正常的公开载体信息中。这就如同自然界中，生物利用保护色巧妙地将自己隐藏于周围环境中，使自己不会被天敌发现和攻击一样[3, 4]。这是传统的加密通信技术不具备的优势，也是本研究最根本的出发点。如果嵌入前对秘密的水印信息进行加密，然后将加密后的水印信息嵌入到公开的载体信息中，这无形中增加了攻击者截取秘密信息的难度，嵌有秘密水印信息的公开载体信息将具备更强的抗攻击能力[5]，从而为基于数字水印技术的保密通信提供了一个崭新的方法。

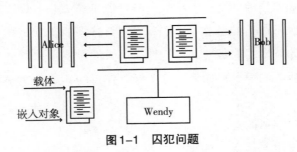

图1-1　囚犯问题

从使用的角度出发，应用于保密通信的数字水印技术应从以下两个方面来考虑：

第一，在没有遭受攻击的前提下，隐藏于公开载体信息中的秘密水印信息不会使公开载体信息在视觉或者听觉上存在明显的失真，且在受到攻击以后，攻击者仍然无法感觉到隐藏于公开载体信息中的秘密水印信息的存在。

第二，对提取出来的秘密水印信息来说，在经历了各种有意或者恶意的攻击以后，仍然能从视觉上或者听觉上分辨出它的含义[6, 7]。

1.2 数字水印研究的历史与现状

早在13世纪，意大利的Fabriano镇就出现了纸水印，这些纸水印是通过在纸模中加细线模板制造出来的，在存在细线的区域纸就会略微薄一些，也会更透明一些。到了18世纪，在欧美国家中，纸水印已经变得相当实用了。由于纸水印的存在既不影响正常使用，也不影响美观。因此它的应用越来越广泛。造纸是中国古代的四大发明之一，同时中国也是世界上最早使用纸币的国家。宋真宗在位时，四川民间就发明了交子，发行于北宋前期（1023年）的成都。交子的正面都有票人的印记，有密码画押，票面金额在使用时填写，可以兑换和自由流通，交子上的印文信息既包含了水印技术也包含了消隐技术。

数字水印技术的研究可以追溯到20世纪50年代。当时Muzac公司的埃米利·希姆布鲁克（Emil Hembrooke）为带有水印的音乐作品填写了一份题为"声音和相似信号的辨别"的专利，此发明使得原创音乐的辨认成为可能，从而建立一套阻止盗版的方法。

目前，世界上很多国家都非常重视数字水印技术的研究工作，许多知名的研究机构或者知名的公司，如日本的NEC公司、Sony公司、美国麻省理工学院的多媒体实验室、伊利诺伊大学、美国空军研究院、朗讯公司贝尔实验室、荷兰飞利浦公司等都在从事这一领域的相关研究工作，也提出了很多先进的算法。为了保证鲁棒性和更好的HVS特性，Gao等利用广义的统计直方图，构建了基于直方图的无损水印算法框架，该算法对于JPEG（Joint Photographic Experts Group，联合图像专家组的缩写，文件后辍名为".jpg"或".jpeg"）压缩等攻击表现出很好的性能[8]。Hazem等人在像素水印模型的基础上，提出了一种选择性算法，并将其推广至彩色图像。实验结果表明，该算法在视觉效果上具有较好的不可感知性，定量计算得到的PSNR也较高，而且该算法还具有很好的安全性[9]。Bas等提出的基于内容的图像水印算法利用了不变点的内容，将水印嵌入至Delaunay三角形内，算法对几何攻击具有很好的鲁棒性[10]。

国内也有不少研究机构、高等院校、公司等正在从事水印方面的研究。从目前的情况来看，我国在该领域的研究也取得了一定的成果，有自己独特的思路。尺度不变特征转换（Scale-Invariant Feature Transform，SIFT），是用于图像处理领域的一种描述子，用来侦测与描述影像中的局部性特征。这种描述具有尺度不变性，可在图像中检测出关键点，并提取出其位置、尺度、旋转不变量。李雷达等在空域内结合尺度不变特征转换生成了圆形的鲁棒区域，可以有效抵抗几何攻击及滤波、压缩等信号处理攻击[11]。景丽等则结合SIFT算法，将秘密水印信息嵌入到离散小波变换的低频系数中，利用SIFT算子的不变特性，进行了仿射变换的校正和估计，他们提出来的算法可以有效抵抗仿射变换等攻击[12]。张翼等对图像进行归一化处理，取得了水印的同步信息，因而算法对常见的几何攻击非常有效[13]。

国内也有一些商业化的数字水印产品推向市场，如上海阿须数码技术有限公司，它是国内专门从事数字水印研究与开发的公司，目前已申请了多项国际、国内数字水印方面的技术专利。2000年6月成立的成都宇飞信息工程有限责任公司，是一家专门从事以基于内容的计算机信息安全软件技术产品研发、生产和推广应用的高科技企业。该公司的数字水印技术的研究、开发及商业化应用已经处于国际领先水平。在成功开发出音频、视频、图像及文本数字水印技术平台的基础上，率先开发出了国内外第一个印刷打印数字水印软件，制定了数字水印第一个企业标准，承担了印刷数字水印技术国家标准的起草，第一个获得了国家科技创新基金对数字水印商业化应用项目的资助，第一个将数字水印在信息安全、防伪溯源、版权保护、电子商务和电子政务等领域投入了商业化应用。目前，该公司独立开发、具有完全自主知识产权的"宇飞数字水印"已广泛用于烟、酒、药品、食品、音像制品等名优产品的商标、包装和各种证书、证照，税务发票、邮票及重要文体场馆门票等印刷品的防伪及版权保护。基于数字水印的电子政务、电子商务和电子图书馆等计算机信息的防篡改、防拷贝及来源认证、身份认证系统也获得广大需求商的普遍认同，并且取得了良好的社会效益和经济效益。

南京师范大学朱长青教授研发的"吉印"地理空间数据数字水印系统，能够自动生成图片、文字等水印信息，支持多种数据类型及海量数据，能够实现多用户、多文件、多图层批量处理。该产品在军队和地方的测绘、地理信息、国土资源、规划、导航、地质、水利、城市管理、公安、宣传、出版及GIS软件生产商等多个领域。

该系统是基于4项地理信息安全方面的国家级项目成果和20项专利及软件著作权研发出来的，拥有完全的自主知识产权，具有如下特点。

（1）该系统适用于矢量数据、影像数据、栅格地图数据、数字高程模型数据、三维模型数据、PDF数据、视频数据等地理信息的水印嵌入和检测，也适用于普通的数字化照片等。

（2）该系统能够嵌入版权信息、用户信息等水印信息，水印信息量没有限制。

（3）水印系统能够嵌入包括用户信息和版权信息的水印信息，且不易被用户发现或删除。

（4）数据嵌入水印信息时能够进行批量处理，对批量数据的文件数没有限制。

"吉印"地理空间信息数字水印系统的性能指标如下：

（1）采用盲水印算法，水印检测时不需要原始数据，检测虚警概率不超过0.1‰；

（2）矢量的小数据量（大于等于50个点）的数据图层可以正确的嵌入和检测水印信息；

（3）嵌入水印信息的数字产品能够保持好的数据精度，保证嵌入水印后数据的精度能满足各种应用的需求，矢量数据图上误差不超过0.2mm；

（4）系统能有效地抵抗数据的格式转换、裁剪、噪声、压缩、删除、增加、平移、旋转、重采样等攻击；

（5）系统嵌入和检测的效率在目前主流配置下不低于10M/s。

这些水印产品的出现标志着我国的数字水印技术的研究已经取得了一定的成果，与国外先进水平的差距正在缩小。这些走上商业化和实用化的产品，在一定程度上推动了国内数字水印技术的蓬勃发展。

1.3 重要概念与术语

载体信号：它充当数字水印信息的载体，即：数字水印信息会嵌入到里面，它可以是受保护的数字媒体产品，也可以是在公开信道中传输的多媒体数据（包括数字图像、音频、视频等数字产品）。

水印信息：是指嵌入到原始的载体信息中，真正要传输的信息。水印信息可以用来认证数字产品来源的真实性，确定版权所有者，提供关于数字产品的其他附加信息，确认所有权认证和跟踪侵权行为。如今，数字水印在数据的分级访问、数字产品的鉴定篡改、数据检测与跟踪、商业和视频广播、数字媒体的服务付费、电子商务认证鉴定等方面的应用非常广泛。

密钥（key）：在秘密水印信息嵌入到公开载体信号，以及从公开载体信号提取秘密水印信息时，都需要用到一些额外的参数，其目的是保护秘密水印信息的安全。这些额外的参数就是密钥。它是在明文转换为密文和随后的密文转换为明文的算法中输入的一组数据。密钥分为对称密钥与非对称密钥两种类型。

对称密钥加密：又称私钥加密或会话密钥加密算法，是指发送方和接收方使用同一个密钥去加密和解密数据。其优点是加密和解密的速度快，适合于对大量的数据进行加密；缺点是密钥管理困难。

非对称密钥加密：又称公钥密钥加密。它需要使用不同的密钥来分别完成加密和解密操作。其中，公开密钥可以公开发布，私用密钥则由用户自己保存，需要严格保密。信息发送时，发送方用公开密钥加密，在接收方接收者则用私用密钥去解密。公钥机制灵活，但加密和解密速度要比对称密钥加密慢很多。

综合考虑对称密钥加密和非对称密钥加密的优点和缺点，在实际的应用中，人们通常是将两者结合在一起使用。例如：对称密钥加密系统用于加密大量的数据信息，而非对称密钥（公开密钥）加密系统则用于加密密钥，这是因为加密密钥的数据量很小。

信号的嵌入：利用水印的嵌入算法，将秘密的水印信息加载到公开的载体信号中的过程。

信道噪声：网络在传输嵌入了秘密水印的混合载体时，可能会遇到各种复杂的情况，如信号降质，失真，压缩或其他攻击等。把这种针对信号的各种失真和攻击称之为信道噪声。信道噪声能够干扰通信效果，降低通信的可靠性。

1.4 数字水印研究的常见方法

根据嵌入秘密水印信息时，对公开载体信号处理的差异，可将数字水印技术分为空间域（时域）水印技术和变换域（频域）水印技术。

空间域（时域）水印技术：直接修改公开载体信号的值（如修改公开载体信号的最低位），以完成秘密水印信息的嵌入。该类方法对压缩和滤波有较好的鲁棒性，但嵌入的水印信息不能太多，否则影响感官质量[14]。

变换域（频域）水印技术：它首先对公开载体信号的采样数据进行适当的变换，该变换既可以全局进行，也可以分段进行；然后将秘密水印信息嵌入到频域选定的系数上，即：通过修改原始载体信号的频域系数来达到嵌入秘密水印信息的目的；嵌入秘密水印信息以后，在对载体信号进行相应的反变换，即可生成含有秘密水印信息的公开载体信息。提取水印时，需要先对含有水印的公开载体信号进行相应的变换，然后才能提取出秘密的水印信息。

1.4.1 时域方法

时域方法本身简单易实现，它通过对水印数据和嵌入过程进行加密，安全性可以得到保证，而且水印嵌入和提取算法简单，速度快。但它对信道的干扰及数据操作的抵抗能力很差。到目前为止，比较成熟的音频水印技术有四种：最不重要位法、相位编码方法（Phase Coding）、回声隐藏方法和扩展频谱方法。

1.扩频方法

扩频水印是Cox发明的一种鲁棒数字水印技术，其基本思想是借鉴扩频通信以高传输带宽换取低传输信噪比的思想，将1bit的水印信息隐藏在多个载体系数中，从而达到扩频和降低传输信噪比的目的。

扩频通信方式有很多，常用的有直接序列扩频编码方法（Direct Sequence Spread Spectrum Encoding，DSSS）。所谓直接序列扩频，就是在发送端直接用具有高码率的扩频码序列对信息比特流进行调制，从而扩展信号的频谱；在接收端，用与发送端相同的扩频码序列进行相关解扩，把展宽的扩频信号恢复成原始信息。一种直接序列扩频技术是使用异或运算将数字信息流与扩展码位流结合起来。例如：在扩频通信系统的发送端，如果要发送的信息是"1"，那么就用"1010010011"代替；如果要发送的信息是"0"，那么就用"0100101100"代替，从而实现了扩频。在扩频通信系统的接收端，如果收到的信息是"1010010011"，就恢复成"1"，如果收到的信息是"0100101100"，就恢复成"0"，从而完成解扩。这样信源速率就被提高了10倍，同时处理增益也达到了10dB以上，从而有效地提高了信噪比（图1-2，图1-3）。

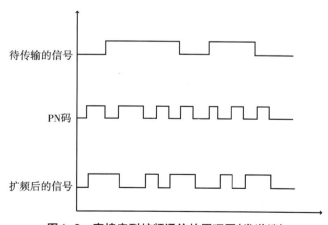

图1-2 直接序列扩频通信的原理图（发送端）

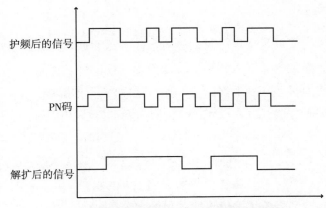

图1-3　直接序列扩频通信的原理图(接收端)

　　直接序列扩频通信中功率密度和频谱密度的变化如图1-4~图1-7所示。原始信号的功率密度和频谱宽度如图1-4所示，它是有用的信号，也是等待传输的信号。图1-5是扩频之后的信号，从图中可以看出，扩频以后信号的功率密度下降了。

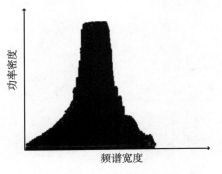

图1-4　原始信号

图1-5　扩频后的信号

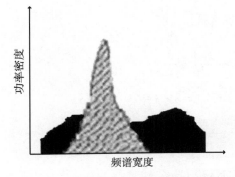

图1-6　传输中受到噪声干扰的信号

图1-7　解调后的信号

图1-6表示扩频以后的信号在传输过程中受到了噪声信号的干扰。从图1-7可以看出，解调以后噪声信号的功率密度下降，有用信号的功率密度上升，原始信号被恢复。

直接序列扩频之所以应用很广泛，主要是因为它具有很多优点，具体如下。

（1）隐蔽性好。因为信号在很宽的频带上被扩展，单位带宽上的功率很小，即信号功率谱密度很低，信号淹没在白噪声之中，令人难以发现信号的存在，加之不知扩频编码，很难拾取有用信号，而极低的功率谱密度，也很少对于其他电讯设备构成干扰。

（2）抗多径干扰。无线通信中抗多径干扰一直是难以解决的问题，利用扩频编码之间的相关特性，在接收端可以用相关技术从多径信号中提取分离出最强的有用信号，也可把多个路径来的同一码序列的波形相加使之得到加强，从而达到有效的抗多径干扰。

（3）抗干扰性强。抗干扰是扩频通信主要特性之一，如信号扩频宽度为100倍，窄带干扰基本上不起作用，而宽带干扰的强度降低为1/100，如要保持原干扰强度，则需加大100倍总功率，这实质上是难以实现的。因信号接收需要扩频编码进行相关解扩处理才能得到，所以即使以同类型信号进行干扰，在不知道信号的扩频码的情况下，由于不同扩频编码之间的不同的相关性，干扰也不起作用。正因为扩频技术抗干扰性强，美国军方在海湾战争等场合广泛采用扩频技术的无线网桥来连接分布在不同区域的计算机网络。

（4）直扩通信速率高。直扩通信速率可达2Mbps、8Mbps、11Mbps，无需申请频率资源，建网简单，网络性能好。在802.15.4通信标准中，要求的无线通信的速度是250kbps，所以，CC2430高频部分也是使用这个通信速度。

（5）易于实现码分多址（Code Division Multiple Access，CDMA）。直扩通信占用宽带频谱资源通信，改善了抗干扰能力，是否浪费了频段？事实正好相反，扩频通信提高了频带的利用率。正是由于直扩通信要用扩频编码进行扩频调制发送，而信号接收需要用相同的扩频编码作相关解扩才能得到，这就为频率复用和多址通信提供了基础。充分利用不同码型的扩频编码之间的相关特性，分配给不同用户不同的扩频编码，就可以区别不同用户的信号，众多用户只要配对使用自己的扩频编码，就可以互不干扰地同时使用同一频率通信，从而实现了频率复用，使拥挤的频谱得到充分利用。发送者可用不同的扩频编码，分别向不同的接收者发送数据；同样，接收者用不同的扩频编码，就可以收到不同的发送者送来的数据，实现了多址通信。美国国家航天管理局（NASA）的技术报告指出：采用扩频通信提高了频谱利用率。另外，扩频码分多址还易于解决随时增加新用户的问题。

Boney 等提出了一种适用于音频水印的扩频方法[15]。他们选用的是一个伪随机序列，且为了利用 HAS 的长期或短期掩蔽效应，对该序列进行若干级的滤波。为利用 HAS 的长期掩蔽效应，对每个 512 点采样的重叠块，计算出它的掩蔽阈值，并近似地采用一个 10 阶的全极点滤波器，对 PN 序列进行滤波。利用短期掩蔽效应，即根据信号相应的时变能量，对滤波后的 PN 序列做加权处理。这样在音频信号能量低的地方可削弱水印。另外，水印还要经过低通滤波，即用完全音频压缩和解压实现低通滤波，以保证水印可抵御音频压缩。嵌入水印的高频部分，可使水印更好地从未经压缩的音频片段中检测出来，但压缩过程会将它去除掉。作者用"低频水印"和"误码水印"来表示水印的两个空间成分。利用原始信息和 PN 序列，采用相关性方法，则可通过假设检验将水印提取出来。实验结果显示了该方法对 MP3 音频编码、粗糙的 PCM 量化和附加噪声的鲁棒性。

2.最低有效位法

最低有效位（Least Significant Bit，LSB）法是一种最简单的数据嵌入方法。任何的秘密数据都可以看作是一串二进制位流，而音频文件的每一个采样数据也是用二进制数来表示。这样，就可以将每一个采样值的最不重要位，多数情况下为最低位，用代表秘密数据的二进制位替换，以达到在音频信号中编码进秘密数据的目的。

为了加大对秘密数据攻击的难度，可以用一段伪随机序列来控制嵌入秘密二进制位的位置[16]。伪随机信号可以由伪随机序列发生器的初始值来产生。这样在收发双方只需要秘密地传送一个初始值（作为密钥），而不需要传送整个伪随机序列值。只要能保证合法用户才能得到该密钥，则根据 Kerchoff 法则可知系统是安全的。任何不知道密钥的第三方都不能正确的提取出秘密信息。

最低有效位方法本身简单易实现；音频信号里可编码的数据量大；采用流加密方式分别对数据本身和嵌入过程进行加密，其安全性完全依赖于密钥；信息嵌入和提取算法简单，速度快。但它主要的也是最致命的缺点是对信道干扰及数据操作的抵抗力很差。事实上，信道干扰、数据压缩、滤波、重采样等都会破坏编码信息。

为了提高鲁棒性，可将秘密数据位嵌入到载体数据的较高位。但这样带来的结果是大大降低了数据隐藏的隐蔽性（因为人耳对低频信号更敏感）。为了改善这一点，可以在嵌入过程中根据音频的能量进行数据嵌入位选择的自适应，当然这种方法对平均能量较高的音频样本更有效。

3.回声隐藏[17-21]

回声隐藏（Echo Hiding）是通过引入回声来将秘密数据嵌入到载体数据中。它充分利用了人类听觉系统模型（Human Audio System，HAS）。众所周知，人耳的言语感觉是一个非常复杂的感知过程，它包含了数据驱动和知识驱动两个过程。在音频载体中嵌入水印数据都要利用人类听觉系统的某些特性，即人的听觉生理—心理特性，以实现对所嵌入水印的不可感知性，也就是听觉相似性的要求。人类听觉系统是一个极其复杂的系统，人通过它能够分辨出声音的音调、响度和音色。数字水印的不可感知性与人类的听觉特性密切相关。人类听觉系统的主要特性包括以下3点。

特性1：人的听觉具有掩蔽效应。

掩蔽效应（Masking Effect）是指当存在一个较强的声音时，较弱的声音将会被较强的声音所掩蔽，而不会被人耳听到。听觉的掩蔽效应是心理声学的一个非常重要的性质，它表明了人类听觉系统对时间和频率的分辨力具有一定的局限性。较强的声音称为掩蔽声音，较弱的声音称为被掩蔽声音。根据掩蔽声音与被掩蔽声音的幅值与时域的不同，可以将掩蔽效应分为：绝对掩蔽、时域掩蔽和频域掩蔽。

绝对掩蔽是人耳本来就具有信号掩蔽的功能。即使在极其安静的环境中，音频信号的能量也必须大于或者等于相应的数值才能被听到，该数值就是绝对阈值。所有低于该绝对阈值的声音都会被屏蔽掉，人耳是听不到的，这就是绝对掩蔽。绝对阈值的具体数值因人而异，不同的人对不同频率的音频信号有不同的绝对阈值。

时域掩蔽又称异时掩蔽，它比较直观，是指时间上相邻的声音出现时，强音掩蔽弱音的现象。时域掩蔽包括前掩蔽与后掩蔽。前掩蔽：是指弱音首先出现、强音随后出现，强音掩盖弱音的现象。一般情况下，前掩蔽的时间很短，只有5~20ms。后掩蔽：是指强音首先出现、弱音随后出现，强音掩盖弱音的现象。后掩蔽的时间比前掩蔽的时间要长得多，为50~200ms。产生时域掩蔽效应的主要原因是人的大脑需要一定的时间来处理所接收到的信息。

频率掩蔽又称同时掩蔽，是指当两个音频信号同时出现时，如果它们之间的频率很接近，那么频率较高的信号会掩蔽频率较低的信号，使得频率较低的音频信号不会被人耳觉听到。例如，一个频率在2000Hz，响度为70dB的声音会将另一个与之同时发出的，频率为1900Hz响度为30dB的声音掩蔽掉。

图1-8显示了人耳对音频信号的时域掩蔽特性。强度位于曲线内的信号，均会被出现在零时刻的强声音信号所掩蔽，人耳的这一听觉特性为音频数字水印技术的实现提供了客观的条件。

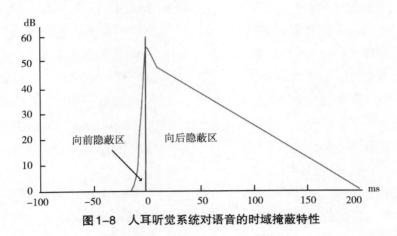

图1-8 人耳听觉系统对语音的时域掩蔽特性

为了使嵌入到公开的载体音频信号中的秘密音频水印信息不会影响到原来的载体音频的听觉质量，应充分利用HAS的听觉掩蔽特性，嵌入水印时尽量在低于掩蔽阈值的范围内修改载体音频信号。

特性2：人耳听觉对相位的灵敏度。

大量的研究表明：人耳对声音信号的绝对相位不敏感，只对声音信号的相对相位敏感。利用这个特点，人们设计出了基于相位编码的音频数字水印系统。

特性3：人耳听觉对频率范围和强度的敏感度。

人耳对不同频率的声音，具有不同的敏感程度。声音能否被人耳听到主要取决于声音的频率和强度。一般情况下，凡是频率在20Hz~20kHz，强度在-5~130dB的声音都能被人耳听到。其中，人耳对2~4kHz范围内的信号最为敏感，幅度很低的信号也能被听见，而在低频区和高频区，能被人耳听见的信号幅度要高得多。即使对同样声压级的声音，人耳实际感觉到的音量也是随频率而变化的[36-38]。

由于回声隐藏充分利用了人类听觉系统中音频信号在时域的后屏蔽作用，即弱信号在强信号消失之后变得无法听见的特性。它可以在强信号消失之后50~200ms作用而不被人耳觉察。载体数据和经过回声隐藏的隐密数据对于人耳来说，前者就像是从耳机里听到的声音，没有回声。而后者就像是从扬声器里听到的声音，由所处空间诸如墙壁、家具等物体产生的回声。因此，回声隐藏与其他方法不同，它不是将秘密数据当作随机噪声嵌入到载体数据中，而是作为载体数据的环境条件，因此，对一些有损压缩的算法具有一定的鲁棒性。

在回声隐藏的算法中，编码器将载体数据延迟一定的时间并叠加到原始的载体数据上以产生回声。编码器可以用两个不同的延迟时间来嵌入"0"和"1"。在实际的操作中，用代表"0"或"1"的回声内核与载体信号进行卷积来达到添加回声的效果（其原理如图1-9所示）。

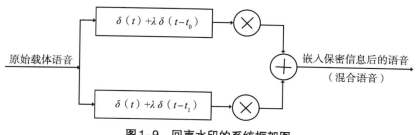

$$\delta(t) + \lambda \delta(t-t_0)$$

原始载体语音

嵌入保密信息后的语音
（混合语音）

$$\delta(t) + \lambda \delta(t-t_1)$$

图1-9 回声水印的系统框架图

要想使嵌入后的隐密数据不被怀疑，并且能使接收方以较高的正确率提取数据，关键在于选取回声内核的参数。每一个回声内核有四个可调整的参数：原始幅值、衰减率、"1"偏移量及"0"偏移量。偏移量对隐密的效果至关重要，它须选在人耳可分辨的阈值之下。一般其范围取在50~200ms之间，大于200ms会影响秘密数据的不可见性，小于50ms会增加数据提取的难度。因此，"1"偏移量及"0"偏移量都必须设置在这个阈值之下。另外，将衰减率和原始幅值设置在人耳可感知的阈值之下能保证秘密信息不被察觉。衰减率较大程度地影响了数据提取的正确率。一般来说，如不考虑传输过程中信号的衰减及干扰，衰减率选在0.7能获得最高的正确率。若考虑传输过程中信号的衰减及干扰，则衰减率一般要选在0.8以上才能获得较好的正确率，但隐密的效果会有所下降。

回声算法虽然得到了较好的透明性，但它并没有达到令人满意的正确提取率，而且信道噪声、人为篡改都会降低正确提取率。为了改善这个缺点，可以使用一些辅助技术使回声内核的参数——衰减率随着音频信号的噪声级别变化而变化。当音频信号较为安静时，则降低衰减率；当音频信号较为嘈杂时，适当地增大衰减率。为补偿信道噪声，可使用冗余和纠错编码的方法，但这会降低嵌入数据量。所以在实际操作中，必须在嵌入量及鲁棒性之间取折衷。此外，由于方法本身的限制，其数据嵌入量比较低。一般来说，回声隐藏的数据嵌入量为2~64bps。

4.相位编码

相位编码（Phase Coding）是最为有效的编码方法之一。它充分地利用了人类听觉系统（HAS）的一种特性：人耳对绝对相位的不敏感性及对相对相位的敏感性。基于这个特点，将代表秘密数据位的参考相位替换原音频段的绝对相位，并对其他的音频段进行调整，以保持各段之间的相对相位不变。

当代表秘密数据的参考相位急剧变化时，会出现明显的相位离差。它不仅会影响秘密信息的隐密性，还会增加接收方译码的难度。造成相位离差的一个原因是用参考相位代替原始相位而带来了变形，另一个原因是对原始音频信号的相位改动频率太快。因此必须尽量使转换平缓以减小相位离差带来的音频变形。为了使得变换平缓，数据点之间就必须留下一定的间距，而这种做法的影响是降低了音频嵌入的位率，这就需要在数据嵌入量和嵌入效果之间取折衷。一般说来，相位编码的信道容量为8bps到32bps。当载体信号是较为安静的环境，则嵌入量更小，一般只可得到8bps的信道能力。另外，为了增强编码的抗干扰能力，应将参考相位之间的差异最大化，因此我们选用"$-\pi/2$"代替"0"，用"$\pi/2$"代替"1"。

当载体信号是较为嘈杂的环境，可增大嵌入量，得到32bps的信道能力。另一个提高数据提取正确率的方法是进行纠错编码，它的缺点是降低了数据嵌入量，因为这种码的编码效率仅是4/7。

为了研究多媒体数字音频的相位特性，可以通过统计与图表的方式来进行分析。本书选取了经典儿歌《让我们荡起双桨》进行分析。在音乐的第5秒、第10秒、第15秒、第20秒各取4096个采样点的数据，进行快速傅里叶变换，得到2048个频点的复数向量数据，将其描在复平面上，如图1-10~图1-13所示，每张图中各向量的相位角即为该频点信号分量的相位值。

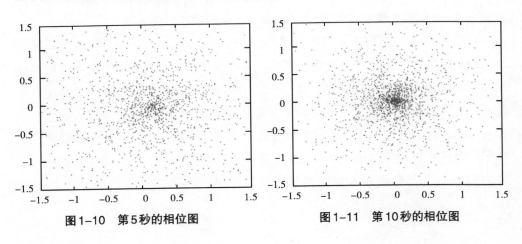

图1-10　第5秒的相位图　　　　图1-11　第10秒的相位图

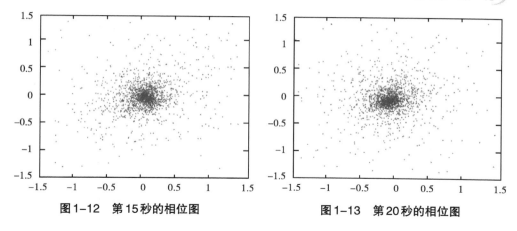

图 1-12　第 15 秒的相位图　　　　　图 1-13　第 20 秒的相位图

1.4.2 变换域方法

变换域水印方法中，首先对公开的载体信号做某种变换，然后再把秘密的水印信息（即待嵌入的信息，有时需要做进一步的处理）在变换域中嵌入。在提取秘密的水印信息时，也需要在变换域进行。

变换域方法虽然计算量比时域方法大，但它有许多时域方法不具备的优点，最突出的优点是抗击干扰和恶意攻击的能力得到了加强[22, 23]。其次是变换域水印嵌入算法的物理意义清晰、可充分利用人类的感知特性、不可见性好[24]。因此变换域方法成为众多学者研究的热点。

目前，常见的变换域数字水印方法有：离散傅里叶变换域（DFT）方法、离散分数傅里叶变换域方法、离散余弦变换域（DCT）方法、离散小波变换域（DWT）方法、哈达马变换（Hadamard Transform）方法、Fresnel 变换域、哈德码变换域、矢量变换域、Gabor 变换域、KLT 变换域等。其中 DWT 域和 DCT 域已广泛应用于图像的有损压缩中。

1. 离散傅里叶变换域方法

Tilki 和 Beex 提出了一种 DFT 变换域音频信息嵌入算法[25]。他们首先对音频信息进行傅里叶变换，选择其中的中频段-2.4~6.4kHz 的傅里叶变换系数来进行数据嵌入，即用表示秘密数据序列的频谱分量来替换相应的傅里叶变换系数。选择中频段使得数据被保存在最敏感的低频范围（2~4kHz）范围之外。如果嵌入数据量不是很大且其幅度相对于当前的音频信号比较小，则该技术对噪声、录音失真及磁带的颤动都具有一定鲁棒性。

2.离散余弦变换域方法

DCT 和 IDCT 是一种正交变换。相对于 FFT 而言，音频信号 DCT 变换后只有实部，没有虚部，便于秘密水印信息的嵌入和嵌入强度的控制，而且有快速的算法，便于实现。而且 DCT 域稳定性较好，对音频文件某部分被施加较小的干扰，音频文件转换到 DCT 域时，其值不会有大变化，再由 DCT 域转换回时域时，会将变化分加到整体的时域数值上，也不会引起较大的变化[28, 29]。因此，人们开始研究在音频信号的 DCT 系数中嵌入秘密信息，其方法是：将原始音频信号进行 DCT 变换，得到 DCT 系数；选定并修改中频系数以嵌入水印；最后将修改后的中频系数做 IDCT 变换，得到嵌入水印后的音频信息。在提取数据时，为了能正确地提取，必须预先从发送方得到一些秘密信息，如秘密数据的长度、数据隐藏的强度、秘密数据的位置等。

3.离散小波变换域方法

小波既具有傅里叶分析的频域处理能力，又弥补了传统傅里叶分析无时域局部化信息的致命弱点。小波分析对时频空间的自适应划分有利于语音的非平稳信号处理。在小波变换域嵌入秘密水印信息，可以充分利用小波变换的时频局部化及层次分解的特性，在语音信号感觉上重要的分量中嵌入尽可能高强度的保密信号。小波变换多分辨率的特点可以对人耳听觉系统进行更好的模拟。它把信号分成独立的子带并独立地进行处理，这种方式比离散余弦变换更接近人耳听觉系统。

此外，它还具有灵活多样的基函数。使用不同的基函数就会得到不同的特征提取，针对不同的语音信号，它可以提供灵活多样的处理方案。

因此，小波域水印技术日益受到重视。与其他的水印技术相比，小波域的水印显现出良好的鲁棒特性，在经历了各种处理和攻击后，如加噪、滤波、重采样、剪切、有损压缩和几何变形等，仍能保持很高的可靠性[26]。

戴跃伟、杨洋等选取 Harr 小波对一段原始音频信号作 3 个尺度的分解[27]。由于细节系数对应信号的高频分量（不易被觉察），逼近系数对应信号的低频分量，因此在细节系数中嵌入秘密信息有利于保证隐蔽性，而在逼近系数有利于提高鲁棒性。在实验中他们选取第 3 个尺度的细节系数嵌入秘密信息。在秘密信息被嵌入之前对其进行加密以增强它的抗破译能力。该算法对重量化、加噪、低通滤波等攻击均有良好的鲁棒性，而且无论是藏有保密声音的载体音频还是提取出来的保密声音，音质都很好。

1.5 基于水印技术的保密通信的意义

水印是近年来多媒体信号处理领域提出的一种解决媒体信息安全的新方法。它通过把秘密信息永久性地隐藏在可公开的载体中，从而达到传递秘密信息的目的，这为数字信息的安全问题提供一种新的解决方法。

1.5.1 加密通信的局限性及面临的挑战

信息加密与水印是数字信息安全的两种主要技术。经典的以密码学为基础的信息加密技术，是以往信息安全的主要手段，并应用到许多场合，今后仍将发挥重要的作用。但传统的加密系统在保护机密信息时易遭受攻击（破译），这给通信安全带来了巨大威胁。

信息加密与水印都是为了保护信息的使用和秘密信息的传输安全，都是把对信息的保护转化为对密钥的保护，因此，水印技术沿用了传统加密技术的一些基本思想和概念，但二者之间在保护手段上存在明显的区别。信息加密是利用密钥把信息变换成密文，然后送到公开信道送到接收者手中，攻击者截获到的是一堆乱码（图1-2）。没有密钥的非法用户无法进行正常解密，只能通过已有的密码分析方法进行破译。因此，信息加密试图隐藏秘密信息的内容，但未隐藏其存在。

与此不同，水印技术主要靠信息伪装掩盖通信存在的事实。它主要研究如何将一个机密水印于一个公开且不易引别人注意的信息之中，使攻击者难以知道秘密信息的存在（图1-14）。如果机密信息嵌入的方法得当，引起的差异足够小到不会被窃听者所察觉，窃听者就失去了具体的攻击目标，机密信息便得以安全传送[30, 31]。另外，嵌入的信息照样可以进行常规加密，以增加一旦被截获而被解密的难度（图1-15）。图1-16演示了将数据加密技术与数字水印技术相结合的保密通信方法，在该方法中，首先将数字水印用加密算法加密，然后嵌入到公开载体信息中，这样即使攻击者提取出加密的水印信息，但由于不知道加密的密钥，他得到的只能是一堆乱码，这无形中增加了攻击的难度，从而进一步保证了保密信息的安全。

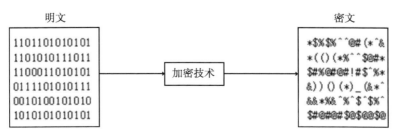

图1-14 数据加密示意图

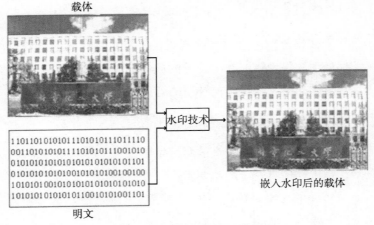

图1-15 数字水印技术示意图

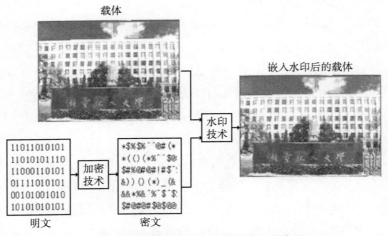

图1-16 数据加密与数字水印结合示意图

因此，保密通信不仅包括对加密技术的研究，还包括信道安全的研究，其实质就是隐藏秘密水印信息的存在。也就是说加密技术是为了保护秘密信息的内容，而水印是为了隐蔽消息存在的事实，即将重要水印隐藏在其他信息之中，使得人们觉察不到他的存在，或者即使知道它的存在，但未经授权无法确定它的位置，从而巧妙地躲过攻击者的攻击。

1.5.2 水印技术在保密通信中的意义

无论在商业机密通信还是在军事通信方面，保密通信都是很有应用前景的通信技术。Petitcolas等曾指出"军队的通信系统不能仅仅通过加密技术来隐藏通信的内容，而更应该应用水印与伪装技术来隐藏通信的发送者、接收者甚至秘密通信的存在。"

美国中央情报局的网络监控软件能监控互联网中的通信内容，其无线通信监控已遍及世界的各个角落，但为什么没有发现9.11袭击的策划呢？美国前空军情报局空军情报机构作战主任Marc Enger认为，美国特工发现本·拉登组织曾用水印技术将文本水印在图像文件里进行通信，因而十分巧妙地躲过了中央情报局的监控。在未来的高科技战争中，要打赢强敌介入下的军事斗争，最低限度的保密通信建设显得十分重要，因此，本研究也具有一定的战略意义。

1.6 数字水印的特征和分类

1.6.1 数字水印的特征

不同的应用对数字水印的要求不尽相同，一般认为数字水印应具有如下特点。

1.可证明性

为了证明版权保护的产品到底是谁的，就必须依靠数字水印信息提供完全可靠的证据。水印算法必须能自动识别嵌入的版权的信息（如作者的亲笔签名、注册的用户号码、公司的图标、产品的标志等），并能在需要的时候将其提取出来。水印可以用来判别对象是否受到保护，并能够监视被保护数据的传播、真伪鉴别及非法拷贝控制等。在一个好的水印算法中，必须做到只有被授权者才能够检测、恢复和修改水印，而没有被授权的攻击者不能破坏载体中的水印，或复制出一个理论上存在的"原始图像"。同时，它必须能够提供令人信服的、没有任何争议的版权证明。

2.鲁棒性

鲁棒性又称稳健性，是指在经历多种无意或恶意的攻击以后，嵌入秘密水印信息后的载体信息仍然能保持部分完整性并能被准确鉴别，这对数字水印非常重要。一个数字水印系统必须能够承受大量不同的物理和几何失真，包括无意的攻击和有意的攻击，如图像压缩、滤波、扫描、复印、噪声污染、信道噪声、A/D（Analog/Digital）与D/A（Digital/Analog）转换、剪切、重采样、位移尺度变化等。在经过这些操作后，鲁棒的水印算法仍然能从载体中提取出水印或证明水印的存在。若攻击者试图删除水印，就会导致多媒体产品的彻底破坏。

3.不可感知性

数字水印必须是不可感知的，这包含两方面的意思：一方面是指视觉上的不可见性，即嵌入水印后，观察者的视觉系统和听觉系统不能觉察到载体信息发生了变化；另一方面，对用水印处理过的产品，即使用统计方法也无法确认水印的存在，更不能提取出水印信息。同时，数字水印的存在不应明显干扰被保护的数据，不影响被保护数据的正常使用。

4.自恢复性

水印信息经过一些操作或变换后，可能会使原始的载体信息产生较大的破坏，自恢复性表示仅从留下的片段数据便能恢复出水印信息，而且恢复过程无须原始的载体信息。

1.6.2 数字水印的分类

数字水印的分类方法很多，它们之间既有联系又有区别，最常见的有如下8种分类方法。

1.按鲁棒性分类

可以将数字水印分为：鲁棒水印、脆弱水印、半脆弱水印。

鲁棒水印：主要用于往数字作品中标识著作权信息，利用这种水印技术在多媒体内容的数据中嵌入创建者、所有者的标示信息，或者嵌入购买者的标示（即序列号）。当发生版权纠纷时，创建者或所有者的信息用于标示版权所有者，而序列号用于追踪违反协议而为盗版提供多媒体数据的用户。用于版权保护的数字水印要求有很强的鲁棒性和安全性，必须保证在载体文件发生各种失真变化或者恶意攻击的条件下，具备很高的抵抗能力，保证原始信号的感知效果尽可能不被破坏。

脆弱水印（Fragile Watermarking）：主要用于数据的真伪鉴别和完整性鉴定，又称为认证水印。该水印技术在原始真实信号中嵌入某种标记信息，通过鉴别这些标记信息的改动，达到对原始数据完整性检验的目的。与鲁棒水印不同，脆弱水印应随着宿主信号的变动而做出相应的改变，即体现出脆弱性。另外，对脆弱水印的不可见性和所嵌入数据量的要求与鲁棒水印是近似的。

半脆弱水印（Semi-Fragile Watermarking）：脆弱水印能保证信息的绝对完整，它不能容忍对信息有任何的修改。理论上讲，脆弱水印算法的性能很好，但在实际的使用过程中，当信息在网上传输时，不可避免地会遇到以下3种情况。

（1）为了减少信息的存储容量，提高信息的存储效率，加快信息的有效传输而采用的各种有损压缩技术；

（2）为了提高图像的质量，而采用的各种图像增强技术和图像滤波技术；

（3）由于信道噪声所引起的无码和网络传输时引起的丢包现象，这种情况在无线信道和网络拥挤的时候特别严重。

一般情况下，上述3种情况对于图像的内容保持的比较好，也不会对图像的真实性产生影响。因此，数字水印对于上述能够保持图像内容的处理应该具有一定的鲁棒性，而对于对图像内容造成破坏的恶意篡改（如剪切、修改等操作），应该具有敏感的检测能力甚至精确的篡改位置定位能力。

因此，半脆弱水印能忍受对载体信息的常规处理操作，而且能识别恶意的篡改攻击，甚至能准确定位发生篡改的具体位置，它在实际应用中，比完全脆弱水印有着更广阔的前景。

2.按检测过程划分

按水印的检测过程可以将数字水印划分为盲水印和非盲水印（明文水印）。明文水印在检测过程中需要原始数据，而盲水印的检测只需要密钥，不需要原始数据。一般来说，明文水印的鲁棒性比较强，但在传输时，需要额外的传输原始的载体信息，这就很大程度上加大了网络通信的数据量，因而其应用受到存储成本的限制。目前学术界研究的数字水印大多数是盲水印。

3.按水印嵌入的位置（嵌入域）分类

按水印信息的嵌入位置，可以将其划分为时域（空间域）数字水印和变换域（频域）数字水印两类。

时域（空间域）水印对原始图像不做任何处理，直接将水印信息嵌入到图像像素值之中。空间域方法优点是比较简单，具有较大的信息嵌入量。缺点是无法经受有损的信号处理，鲁棒性较差。

变换域（频域）数字水印是先将原始图像做相应变换（如DCT、DWT等），然后再嵌入水印信息。领域算法可以抵抗有损压缩等一些常见攻击。

4.按原始载体分类

按照秘密水印信息所依附的公开载体类型，可以将数字水印分为：文本水印、图像水印、音频水印、视频水印及用于三维网格模型的网格水印。注意：这里是按照公开载体的类型划分，而不是根据嵌入的秘密水印信息的类型来划分的。例如，将图像嵌入到音频载体中，该水印依然被称作音频水印，而不是图像水印。随着数字技术的进一步发展，会有更多类型的数字媒体出现，到时候也会产生与之相对应的水印技术。

5.按内容分类

按嵌入的秘密信息的内容，水印可为有意义水印和无意义水印两类。

无意义水印：一般是作者的身份代码、伪随机序列或是产品序列号等。它没有实际意义，嵌入和提取计算量比较小。

有意义水印：可以包括有关产品的一段文字或一幅图像等，具有直观、形象的优点，但嵌入和提取计算量大。

有意义水印的优势在于：如果因为受到恶意攻击或其他原因致使解码后的水印破坏，人们仍然可以通过视觉观察确认是否有水印。对于无意义水印来说，如果解码后的水印序列有若干码元错误，则只能通过统计决策来确定信号中是否含有水印，这会带来诸多的不便。

6.按检测过程分类

按照检测过程，水印可分为对称水印和非对称水印。

对称水印：使用可逆的算法嵌入和提取。

非对称水印：使用不同的嵌入和提取算法。

7.按水印的可见性分类

根据水印作品中的水印是否可见，可以将数字水印划分为不可见水印和可见水印。顾名思义，这种分类方法是以嵌入水印后的载体信息能否被人以肉眼识别为依据划分的。

不可见水印：将水印隐藏，视觉上不可见（严格说是无法察觉），目的是为了将来起诉非法使用者，作为起诉的证据，保护原创人和所有人的版权。不可见水印往往用在高质量图像上，而且往往配合数据解密技术一同使用。不可见水印根据鲁棒性还可以再细分为鲁棒的不可见水印和脆弱的不可见水印。

可见水印：最常见的例子是有线电视频道上所特有的半透明标识，其主要目的在于明确标识版权，防止非法使用。虽然降低了资料的商业价值，却无损于所有者的使用。

8.按水印的用途分类

数字水印的用途是各不相同的，按其用途，可分为：版权保护水印、隐蔽标识水印、篡改提示水印、票据（证件）防伪水印等。

版权标识水印：版权标识水印往往用来宣示作品的版权信息，它是目前研究最多的一类数字水印。由于数字作品不仅仅是知识作品，还是商品，往往具有经济价值，这种属性决定了版权标识水印的重点是强调隐蔽性和鲁棒性。它对水印的容量（即嵌入的数据量）没有太多的要求。

隐蔽标识水印：它将保密数据的重要标注隐藏起来，限制非法用户对保密数据的使用。

篡改提示水印：它是一种脆弱水印，其目的是标识宿主信号的完整性和真实性。

票据防伪水印：又称证件防伪水印，它是一类很特殊的水印，主要用于打印票据和电子票据的防伪。伪币的制造者不可能对票据图像进行过多的修改，所以，诸如尺度变换等信号编辑操作是不用考虑的。另外，人们必须考虑到票据破损、图案模糊等极端情况，而且票据防伪水印的检测需要快速进行，因此，用于票据防伪的数字水印算法不能太复杂。

1.7 系统性能的评估

数字水印系统追求的目标是：嵌入的信息量越大越好；嵌入秘密水印信息后载体信息越透明越好；载体信息的鲁棒性好。但是在实际应用中，这三个目标是相互矛盾的。一般而言，对同一种水印算法，它们三者之间的关系如下。

1.7.1 透明性

透明性又称不可感知性或保真度。它是指原始载体信号 X 和隐秘水印信号 S，在人类感觉系统下的相似程度。不可感知包含两种情况。

第一种情况：数字水印采用统计方法也不能恢复出来。这就是说，既不能使用统计方法确认秘密水印信息的存在，也不能用统计方法提取出秘密的水印信息。

第二种情况：指视觉上的不可见性，即因嵌入水印导致图像的变化对观察者的视觉系统来讲应该是不可察觉的，最理想的情况是水印图像与原始图像在视觉上一模一样，这是绝大多数水印算法所应达到的要求。

对于图像信号，可以用图像的视觉质量来表示信息嵌入所引起的畸变量；对于音频信号，可以用音频的听觉质量来描述水印嵌入后所引起的变化；对于视频信号，则可以用视频的视觉质量和所包含音频的听觉质量来描述水印嵌入后所引起的变化。从而达到具体描述水印系统透明性的目的。

载体信号（保护图像、视频、音频）的畸变部分越小，其视听觉效果就越好。这样原始载体信号和嵌入水印后载体信号的相似度就越高，这样就越不容易引起攻击者的怀疑。

国际上已经有了主观评价图像质量的5级绝对尺度标准。主观评价是指采用主观上打分的方法来评价图像的质量。主观评价反映了人对图像质量的直接感受，对最终质量评价是有价值的。主观评价主要包括2个步骤：第一步，把数据集按照次序划分等级；第二步，测试者根据失真程度进行打分，一般依据的是 ITU-RRec.500 质量等级级别。在该标准中，图像的质量被分为 1~5 个等级，其对应的视觉效果依次为非常差、差、一般、好、非常好。具体情况见表 1-1。

表 1-1　图像质量的主观评价标准

等级	图像降质的视觉效果	图像质量
1	非常严重地妨碍查看	非常差
2	严重地妨碍查看	差
3	清楚地看出图像质量的变化,并妨碍查看	一般
4	图像质量的变化可察觉,但不妨碍查看,可以接受	好
5	丝毫看不出图像的质量变坏	非常好

图像质量的主观评价能真实地反映直观质量，无技术障碍。但主观评价方法也有很多缺点，如需对图像进行多次实验，无法应用数学模型对其进行描述。在实际应用中，主观评价结果还会受到观测的环境因素、观测动机及观察者的专业水平等因素的影响。此外，主观质量评价也无法应用于所有的场合。这就需要引入客观的评价方法。

图像质量的客观评价方法是根据人的主观视觉系统建立数学模型，并通过具体的公式计算图像的质量。客观度量计算简单，结果不依赖于主观评价，可重复性强。最常见的客观评价方法包括均方误差（Mean Square Error，MSE），峰值信噪比（Peak Signal to Noise Ratio，PSNR）。

1.均方差

均方差经常在统计过程中使用，它是一种很有用的统计特性指数。通过均方差可以反映出评估对象的改变，洞察它的各种行为特征。可以采用均方差来衡量载体图像在嵌入水印后的质量变化情况。

均方误差首先计算原始图像和失真图像素差值的均方值，然后通过均方值的大小来确定失真图像的失真程度。其计算公式如下：

$$\mathrm{MSE} = \frac{1}{M \times N} \sum_{0 \leqslant i < N} \sum_{0 \leqslant j < M} (f_{ij} - f_{ij}')^2 \tag{1-1}$$

其中：M 为图像的长度；

$\quad\quad N$ 为图像的宽度；

$\quad\quad f_{ij}$ 为嵌入水印前，图像的像素值；

$\quad\quad f_{ij}'$ 为嵌入水印后，图像的像素值。

2.峰值信噪比

一幅图像被压缩之后，通常会出现一定的损伤，从而导致与原始图像的差异。峰值信噪比是广泛使用的评价图像质量的客观度量法。一般可以参考峰值信噪比来衡量处理后的图像质量，峰值信噪比越大，对载体图像的破坏就越小。

峰值信噪比基于通信理论而提出，是最大信号量与噪声强度的比值。由于数字图形都是用离散的数字来表示其像素的，所以，可以采用数字图像的最大像素值来代替最大的信号量。其计算公式如下：

$$PSNR = 10\lg \frac{\sum_{i=1}^{N} w_i^2}{\sum_{i=1}^{N} (w_i' - w_i)^2} \qquad (1-2)$$

其中： w_i 为原始的公开载体信息；

w_i' 为嵌入秘密水印信息后的公开载体信息。

1.7.2 鲁棒性

鲁棒性即健壮性、安全性的意思，是指含有秘密水印信息的载体信号，经过常见的各种信号处理与攻击操作（如图像压缩、线性或非线性滤波、叠加噪声、图像量化与增强、图像裁剪、几何失真、模拟数字转换及图像的校正）后，还能通过一些计算操作检测或提取出秘密的数字水印信息的能力。

当含有秘密水印信息的载体信号经过这些攻击以后，如果仍能从载体信号中提取出或者证明嵌入的水印存在，那么该水印算法的鲁棒性就好。否则，该水印的鲁棒性就不好。

若攻击者企图删除秘密的水印信息，那么就会导致多媒体产品的彻底破坏。假设一个读者在网上下载了数字图书馆发布的作品，打印出来并非法大量散发以牟取利益，那么包含水印的作品应能在有物理失真的情况下依然提供足够的版权证据。同时，攻击者也很难把数据产品的版权保护标志改成自己的标志，这就很好地保护了作品的版权信息，从而保护了作者的利益。

通常采用位错误率（Bit Error Rate，BER）和归一化相关系数（Normalized Correlation，NC）来衡量在遭受各种攻击情况下的提取效果[32, 33]。

1.位错误率

通常采用位错误率来衡量在遭受各种攻击情况下的提取效果[32, 33]：

$$\text{BER} = \frac{1}{N}\sum_{i=0}^{N-1}\begin{cases} 1 & (c_i' \neq c_i) \\ 0 & (c_i' = c_i) \end{cases} \tag{1-3}$$

其中：c_i 为原始的保密水印信息的比特值；

c_i' 为提取的保密水印信息的比特值。

除此之外，如果秘密的水印信号是二值图像，还可以采用归一化相关系数因子来衡量水印信息提取的好坏。

2.归一化相关系数

对于从待检测图像中提取出来的水印和原始水印之间的相似程度不能借助主观感觉来进行判断，而是需要一个客观的衡量方式，图像数字水印技术中一般通过 NC 系数来度量。

$$\text{NC} = \frac{\sum\limits_{i=1}^{N} w_i' \times w_i}{\sqrt{\sum\limits_{i=1}^{N} w_i^2} \times \sqrt{\sum\limits_{i=1}^{N} (w_i')^2}} \tag{1-4}$$

其中：w_i 为原始的公开载体信息；

w_i' 为隐藏秘密水印信息后的载体信息。

归一化系数值越接近 1，二值图像的相似度就越高，水印信息恢复的准确度也就越好。

1.7.3 嵌入容量

嵌入容量是指载体所能隐藏的信息量的上限，又称隐藏容量，是评价数字水印系统的一个重要指标。水印的嵌入容量可以用下面式子来表示。

（1）非盲水印的容量：

$$R（嵌入容量）= 0.5 \times \log_2\left[\left(S_w^2 / S_n^2\right) + 1\right] \tag{1-5}$$

（2）盲水印的容量：

$$R'（嵌入容量）= 0.5 \times \log_2\left[1 + S_w^2 / \left(S_n^2 + S_x^2\right)\right] \tag{1-6}$$

其中：S_w^2 表示水印信息的方差；

S_n^2 表示噪声信息的方差；

S_x^2 表示原始载体信息的方差。

实际上，以上的要求并不是每一个水印系统都必须最大限度地满足，也不可能都满足，它们是相互矛盾的（图 1-17）。在嵌入秘密水印信息后所得到的混合载体信息应该与原始的公开载体信息非常接近，这就要求使嵌入秘密水印信息的能量同公开的载体信息相比是非常小的，这必然使鲁棒性变差。如果增加嵌入信息的能量，在增强嵌入信息的鲁棒性的同时，也随之引起了载体信号感知质量的下降，如果既增强了鲁棒性，又保持良好的不可感知性，就只能牺牲信息嵌入容量。因此，同时要求不可感知性、鲁棒性及嵌入容量达到最优是不可能的。另外，是否是盲隐藏系统也对系统的性能指标也有很大影响。一般而言，在其他性能一样的前提下，非盲水印系统的鲁棒性要优于盲系统的鲁棒性。所以，一个好的水印算法就需要在嵌入容量、透明性、鲁棒性之间寻找最佳的折中和平衡点。

图1-17 水印系统基本性能之间的矛盾性

1.8 数字水印研究需要解决的主要问题

数字水印技术主要包括两个方面的内容：水印嵌入技术和水印提取技术。水印嵌入技术是研究如何把秘密的水印信息嵌入到公开的原始载体信息中。水印信息和载体信息可以是文本、音频、视频、图像中的一种或者是几种的组合体。数字水印研究主要存在三种思路：第一，基于隐写术的思路；第二，基于数字信号处理的思路；第三，基于通信的思路[34, 35]，它是目前使用得比较多的思路。

当前，数字水印技术主要存在以下六方面的问题。

（1）从理论的角度来讲，目前数字水印技术还缺少非常成功的理论指导，尤其是脆弱数字水印技术，基本理论和基本框架还处于探讨阶段。对于鲁棒性数字水印技术，尽管现在比较公认的思路是基于通信的思路，然而这些思路还存在很多不完善之处，还有很多问题需要解决，这些都有待于进一步的研究。

（2）从应用的角度来讲，目前针对数字水印的应用还有很多难点需要解决。例如，很难找出一个鲁棒性水印算法可以鲁棒地抵抗现在常见的各种攻击；如何在保持人体感知特性的前提下，最优地嵌入一定容量的数字水印，并保证算法检测的一定的鲁棒性，如何嵌入最大容量的水印等。

（3）还没有统一的数字水印技术评价标准。因而无法公正地评价和比较当前提出的各种水印算法的性能。尽管在一些文章中，系统地研究了当前存在的攻击类型，并提出相关的数字水印技术评价标准，但这些标准还没有真正成为一个公众都接受的评判标准。

（4）大量的攻击方法。现在针对数字水印的攻击方法层出不穷，其速度甚至比数字水印算法还要快，还要多，这极大地抑制了数字水印技术的实际应用。数字水印技术与攻击技术就好比是矛与盾的关系，它们在相互制约中不断发展。目前还没有一项算法能够鲁棒地抵抗各种攻击。

（5）还没有非常好的模型能完整描述人体的视觉特性和听觉特性。尽管研究者采用了很多人体视觉、听觉模型来自适应地嵌入数字水印，但很难说哪个模型能够非常好地描述人体的视觉和听觉特性。

（6）还没有非常成功的模型能够完整地描述数字水印技术的能量问题。尽管现在存在三种研究思路来研究数字水印技术的能量问题，但这些方法都有它自己的相对局限性。

使用PSNR（峰值信噪比）方式来研究数字水印系统的能量问题时，由于PSNR本身并不能很好地描述人体视觉、听觉特性，所以无法很好地研究数字水印能量问题。

使用人体视觉、听觉特性，则存在很难确定好的视觉、听觉模型来很好地描述人体视觉、听觉特性的问题。

用信息论的方法来研究数字水印的能量问题，则存在各种攻击信道模型不确定的问题。而这些攻击信道模型不确定，就根本无法正确地用信息论的方法来研究能量问题。

第2章　数字水印的量化置乱与攻击

2.1 数字水印的量化嵌入

现实世界中，大多数物理信号是模拟的，如麦克风输出的话音信号就是模拟信号，为了有效地处理、传输和存储这些模拟信号，就必须将模拟信号转换成数字信号，这个转换过程分为两步：在时间（或空间）上将模拟信号离散化；将时间（或空间）上离散化的、但是幅度上连续取值的信号在幅度上进一步离散化。前一步是抽样过程，如何对模拟信号进行抽样由抽样定理决定；后一步是量化过程，对数字水印进行量化具有如下优点：水印检测时多为盲检测，不需要原始载体信号。载体不影响水印的检测性能，在无干扰的情况下可以完全恢复出嵌入的水印信息。

脉冲编码调制（Pulse Code Modulation，PCM）是最早研制成功、使用最为广泛、数据量最大的编码系统，它的量化过程如图2-1所示。从图2-1中可以看出：它输入的模拟信号首先经过时间采样，然后对每一样值都进行量化，并作为数字信号的输出，即PCM样本序列 $X(0)$，$X(1)$，$\cdots$，$X(n)$。图中的"量化编码"可理解为"量化阶大小（Step-Size）"生成器或者称为"量化间隔"生成器。

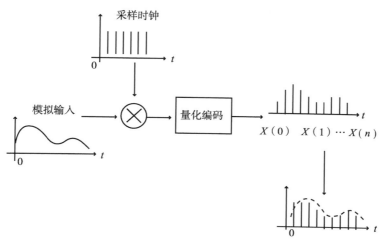

图2-1　脉冲编码调制的量化过程图

　　量化有多种方法。最简单的是只应用于数值，称为标量量化，另一种是对矢量（又称向量）量化。标量量化可归纳成两类：一类是均匀量化，另一类为非均匀量化。采用的量化方法不同，量化后的数据量也就不同。因此，可以说量化也是一种压缩数据的方法。

2.1.1 均匀量化

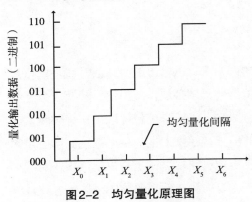

　　量化时，如果采用相等的量化间隔来处理采样信号值，那么，这种量化称为均匀量化。均匀量化就是采用相同的"等分尺"来度量采样得到的幅度，也称线性量化，如图2-2所示。量化后的样本值Y和原始值X的差$E=Y-X$称为量化误差或量化噪声。

图2-2　均匀量化原理图

2.1.2 非均匀量化

　　用均匀量化方法量化输入信号时，无论对大的输入信号还是小的输入信号一律都采用相同的量化间隔。为了适应幅度大的输入信号，同时又要满足精度要求，就需要增加量化间隔，这将导致样本位数的增加。但是，有些信号（如话音信号），大信号出现的机会并不多，增加的样本位数就没有充分利用。为了克服这个不足，就出现了非均匀量化的方法，这种方法也称非线性量化。

　　非均匀量化的基本想法是，对输入信号进行量化时，大的输入信号采用大的量化间隔，小的输入信号采用小的量化间隔，如图2-3所示，这样就可以在满足精度要求的情况下用较少的位数来表示。量化数据还原时，采用相同的规则。

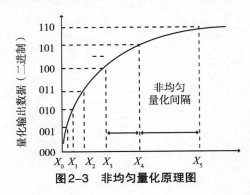

图2-3　非均匀量化原理图

2.1.3 单极性抖动调制

为了实现盲提取，一个实用的方法是在嵌入秘密水印信息时采用量化索引调制（QIM）方法[39]，其中比较著名的是抖动调制（Dither Modulation）方法[40]，其主要思想是根据秘密水印信息的二进制位来调制量化区间。对于变换域来说，抖动调制的对象是变换域系数的幅度或者相位，也可以说是实部或者虚部。

假设待量化的系数为 g，待嵌入的秘密水印信息的二进制为 w（0或1），量化步长为 Δ，量化处理后含有秘密比特信息的系数为 g'。在嵌入秘密水印信息的二进制 w 时，要根据待基于量化系数 g 的取值范围选取不同的量化方法。

单极性抖动调制是指待量化的系数的取值只能是正数或负数（如离散傅里叶变换系数的幅度）。当 $g \geqslant 0$、$g < 0$ 时采用量化单极性系数 g 嵌入保密二进制信息 w 的原理分别如图2-4、图2-5所示[41]。

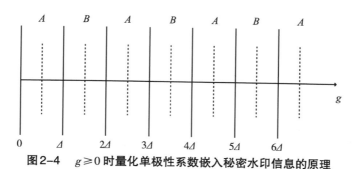

图2-4 $g \geqslant 0$ 时量化单极性系数嵌入秘密水印信息的原理

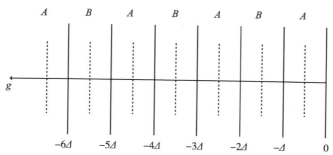

图2-5 $g < 0$ 时量化单极性系数嵌入秘密水印信息的原理

单极性系数的量化过程及其表达式如下。

（1）划分区间集。

选取合适的量化步长 Δ，将坐标轴分割成如图2-5、图2-6所示的 A 区间集和 B 区间集。

（2）确定区间集内坐标值的双重含义。

如果用于计算，区间集内的坐标值具有表示数量大小的实际意义；如果用于表示秘密水印信息的比特信息，则不管该坐标的数值大小，凡属于 A 区间集的坐标都代表二进制数 "1"，属于 B 区间集的坐标都代表二进制数 "0"。

（3）取整数商和余数运算。

选取量化步长 Δ 对需要量化的系数 g 进行取整数商和余数运算。假设所求得的整数商为 n，余数为 γ，则有：

$$n = \left[\frac{g}{\Delta}\right] \tag{2-1}$$

$$\gamma = g - n\Delta \tag{2-2}$$

（4）量化系数。

系数 g 的量化结果与秘密信息 w 密切相关：当 $w = 1$ 时，使量化结果 g' 等于与 g 最接近的 A 区间集中某一区间的中间坐标值；当 $w = 0$ 时，使 g' 等于与 g 最接近的 B 区间集中某一区间的中间坐标值。当 $g \geqslant 0$ 时，系数 g 的量化结果如下（假设 $k = 0$，1，2，…）：

① 当 $n = 0$，$w = 1$ 时

$$g' = \frac{1}{2}\Delta \tag{2-3}$$

② 当 $n = 0$，$w = 0$ 时

$$g' = \frac{3}{2}\Delta \tag{2-4}$$

③ 当 $n \neq 0$，$w = 1$ 时

$$g' = \begin{cases} 2k\Delta + \frac{1}{2}\Delta & (n = 2k) \\ 2k\Delta + \frac{1}{2}\Delta & (n = 2k+1,\ \gamma \leqslant \frac{1}{2}\Delta) \\ 2k\Delta + 2\Delta + \frac{1}{2}\Delta & (n = 2k+1,\ \gamma > \frac{1}{2}\Delta) \end{cases} \tag{2-5}$$

④ 当 $n \neq 0$，$w = 0$ 时

$$g' = \begin{cases} (2k+1)\Delta + \frac{1}{2}\Delta & (n = 2k+1) \\ 2k\Delta - \frac{1}{2}\Delta & (n = 2k,\ \gamma \leqslant \frac{1}{2}\Delta) \\ (2k+1)\Delta + \frac{1}{2}\Delta & (n = 2k,\ \gamma > \frac{1}{2}\Delta) \end{cases} \tag{2-6}$$

对单极性系数 g 进行量化后，比特信息 w 包含的信息由量化处理结果 g' 所在的区间集唯一确定：如果 g' 处在 A 区间集内，则 g' 代表的比特信息是 "1"；

反之，如果 g' 处在 B 区间集内，则 g' 代表的比特信息是 "0"。

从式（2-3）~式（2-6）可以看出，当 $n=0$ 时 $|g-g'|\leqslant1.5\Delta$，即量化操作引起的最大误差是量化步长 Δ 的 1.5 倍；当 $n\neq2$ 时，$|g-g'|\leqslant\Delta$，即量化操作引起的最大误差是量化步长 Δ。

2.1.4 双极性抖动调制

双极性抖动调制是指待量化的系数既可以是正数也可以是负数（如离散余弦变换的系数、离散傅里叶变换系数的相位）。量化双极性系数 g 嵌入秘密水印信息二进制 w 的原理如图 2-6 所示[42]。

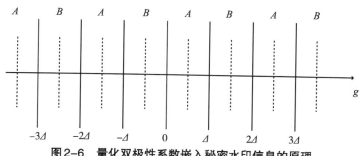

图2-6 量化双极性系数嵌入秘密水印信息的原理

双极性系数的量化过程及其表达式如下。

（1）划分区间集。

选取适当的量化步长 Δ，将坐标轴分割成如图 2-4 所示的 A 区间集和 B 区间集。其中，A 区间集和 B 区间集交替出现。

（2）确定区间集内坐标值的双重含义。

区间集内坐标值具有双重含义。如果用于计算，区间集内的坐标值具有表示数量大小的实际意义；如果用于表示秘密水印信息的比特信息，则不管该坐标的数值大小，凡属于 A 区间集的坐标都代表二进制数 "1"，属于 B 区间集的坐标都代表二进制数 "0"。

（3）取整数商和余数运算。

选取适当的步长 Δ，对系数 g 进行取整数商和余数运算。具体如式（2-1）和公式（2-2）所示。

（4）量化系数。

根据比特信息 w 的取值和待量化的系数 g 进行量化。系数 g 的量化结果可以表示为以下 4 种情况：

① 当$g \geqslant 0$，$w = 1$时

$$g' = \begin{cases} 2k\Delta + \dfrac{1}{2}\Delta & (n = 2k) \\ 2k\Delta + \dfrac{1}{2}\Delta & (n = (2k+1), |\gamma| \leqslant \dfrac{1}{2}\Delta) \\ 2(k+1)\Delta + \dfrac{1}{2}\Delta & (n = (2k+1), |\gamma| > \dfrac{1}{2}\Delta) \end{cases} \tag{2-7}$$

② 当$g \geqslant 0$，$w = 0$时

$$g' = \begin{cases} (2k+1)\Delta + \dfrac{1}{2}\Delta & (n = 2k+1) \\ 2k\Delta - \dfrac{1}{2}\Delta & (n = 2k, |\gamma| \leqslant \dfrac{1}{2}\Delta) \\ (2k+1)\Delta + \dfrac{1}{2}\Delta & (n = 2k, |\gamma| > \dfrac{1}{2}\Delta) \end{cases} \tag{2-8}$$

③ 当$g < 0$，$w = 1$时

$$g' = \begin{cases} -(2k+1)\Delta - \dfrac{1}{2}\Delta & (n = -(2k+1)) \\ -2k\Delta + \dfrac{1}{2}\Delta & (n = -2k, |\gamma| \leqslant \dfrac{1}{2}\Delta) \\ -(2k+1)\Delta - \dfrac{1}{2}\Delta & (n = -2k, |\gamma| > \dfrac{1}{2}\Delta) \end{cases} \tag{2-9}$$

④ 当$g < 0$，$w = 0$时

$$g' = \begin{cases} -2k\Delta - \dfrac{1}{2}\Delta & (n = -2k) \\ -2k\Delta - \dfrac{1}{2}\Delta & (n = -(2k+1), |\gamma| \leqslant \dfrac{1}{2}\Delta) \\ -2(k+1)\Delta - \dfrac{1}{2}\Delta & (n = -(2k+1), |\gamma| > \dfrac{1}{2}\Delta) \end{cases} \tag{2-10}$$

通过量化处理操作，秘密水印信息由量化处理结果g'所处的区间集唯一确定，具体如下：

如果量化处理结果g'处于A区间集，则代表水印信息是"1"；

如果量化处理结果g'处于B区间集，则代表水印信息是"0"。

因此，基于量化系数方法嵌入秘密水印信息的方法可以看作是对所选择系数做适当修改，并赋予二进制信息的过程。在量化过程中，为了提高嵌入信息的稳健性，将系数量化为与之最接近的A区间或B区间的中间坐标值[43]。

2.2 水印的置乱技术

虽然水印的置乱技术起步较晚，但由于各方面的高度重视，近年来取得了很大的发展，这与它在实际应用中所发挥的巨大作用是密不可分的。随着信息存储

技术和多媒体处理技术的进一步发展，以及网络带宽限制的放松，必然会有越来越多的多媒体信息需要在网络上传输，并逐步成为人们获取信息的主要手段。网络上传输的多媒体数字信息有些涉及个人隐私或公司利益，有些甚至是关系到国家安全的绝密信息，其重要性不言而喻。所以，对传输的多媒体数字信息（如文本、声音、视频、图像等）进行可靠的加密处理，引起了众多学者的关注，并逐步产生了水印的置乱技术，提出了很多种水印的置乱算法。这些算法可以分为两种：基于位置空间的置乱和基于色彩空间的置乱。有时候，也会将这两种方法结合使用。

随着信息技术的迅猛发展，人们对数字水印技术的研究也逐渐深入，并取得了可喜的成果[4]。但是人们也清楚地意识到恶意攻击者所采用的攻击手段也在不断提高[45]，能否很好地保证信息安全是我们不得不面临的问题。网络与安全本身就是矛盾的两方面，如何提高我们的信息安全性，这是现今乃至今后很长一段时间内我们所要面临的问题。信息安全技术经过多年的发展，人们对信息的保护已从密码技术发展到了数字水印[46, 47]，但在数字水印技术应用的过程中，人们又想到：如果单纯地用各种数字水印算法对秘密水印进行隐藏保密，那么攻击者只要直接利用现有的各种提取算法，对被截获信息进行穷举运算就很有可能提取出秘密信息。但如果在水印嵌入之前，先对水印信息按照一定的运算规则进行置乱处理，使其失去本身原有的面目，然后再将其嵌入到载体信息里面，这就相当于给需要保密的水印信息加上了"双保险"，极大地增加攻击者的破解难度，使得需要传输的数据的安全性大大提高。即使攻击者将秘密水印信息从载体中提取了出来，也无法分辨出经过置乱后的秘密信息到底隐藏着什么内容，于是就认为提取算法错误或该载体中不含有秘密信息。所以，对水印信息进行置乱运算是很有必要的，这也今后一段时期数字水印技术研究的一个重要方向，下面主要研究如何对数字图像信息进行置乱。关于图像置乱的算法已经有很多[48, 51]，它们中有些已经取得了很好的置乱加密效果，其中最著名的有：Arnold置乱、混沌置乱、希尔伯特变换、幻方变换等。

2.2.1 Arnold置乱

Arnold置乱是目前较为经典的一种置乱变换方法，是由数学家V.J.Arnold在遍历理论的研究中提出的一类裁剪变换[52]。由于Arnold本人最初对一张猫的图片进行了此种变换，因此它又被称为猫脸变换。Cat映射可以把图像中各像素点的位置进行置换，使其达到加密的目的，因而在数字图像置乱中的应用是非常广泛的。

Arnold 变换的公式如下：

定义 2.1 假设 (x, y) 是单位正方形上的点，将其变换到另一点 (x', y') 的变换为。

$$\begin{pmatrix} x' \\ y' \end{pmatrix} = \begin{pmatrix} 1 & 1 \\ 1 & 2 \end{pmatrix} \begin{pmatrix} x \\ y \end{pmatrix} \bmod 1 \qquad (2-11)$$

此变换称为二维 Arnold 变换，简称 Arnold 变换。

由于数字图像的需要，把以上的二维 Arnold 变换改为

$$\begin{pmatrix} x' \\ y' \end{pmatrix} = \begin{pmatrix} 1 & 1 \\ 1 & 2 \end{pmatrix} \begin{pmatrix} x \\ y \end{pmatrix} \bmod N \qquad (2-12)$$

其中：左边 $(x', y')^T$ 为输出，右边 $(x, y)^T$ 为输入。N 为数字图像矩阵的阶数，也就是图像的大小。一般情况下，考虑正方形图像，(x, y) 为原始像素在图像中的具体坐标；它的取值范围是 $0 \sim N-1$ 的整数。(x', y') 为 Arnold 变换以后，该像素在新图像中的具体坐标；它的取值范围也是 $0 \sim N-1$ 的整数。

图像信息（如灰度值）伴随离散点阵的置换进行移动，当原始图像里全部的点都遍历完以后，便生成了一幅新的图像。

Arnold 变换可以看成是一个裁剪与拼接的过程，通过这一过程将数字图像矩阵中的点重新排列，达到置乱的目的[53]。由于离散数字图像是有限点集，对图像反复进行 Arnold 变换，迭代到一定步数时，必然会恢复原图，即 Arnold 变换具有周期性[54]。Arnold 变换的过程如图 2-7 所示。

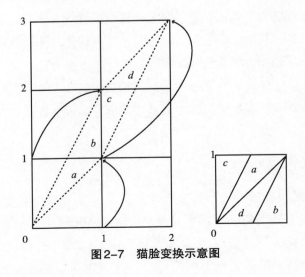

图 2-7　猫脸变换示意图

从图2-7中很容易发现其产生密图的两个因素：拉伸和折叠。Cat映射通过与矩阵 C 相乘使 x、y 都变大，相当于拉伸；而取模运算使 x、y 又折回单位矩形内，相当于折叠。同时Arnold映射是一一映射，单位矩阵内的每一点唯一地变换到单位矩阵内的另一点。

对于数字图像来说，可以将其看成是一个函数在离散网格点处的采样值，这样就得到了一个表示图像的二维像素矩阵。矩阵中元素的值是对应点处的灰度值或RGB颜色分量值。对于数字化图像而言，这里所说的位置移动实际上是对应点的灰度值或者RGB颜色值的移动，即将原来点 (x, y) 处像素对应的灰度值或RGB颜色分量值移动至变换后的点 (x', y') 处。如果对一个数字图像迭代地使用离散化的Arnold变换，即将左端输出的 (x', y') 作为下一次Arnold变换的输入，则可以重复这个过程一直做下去。当迭代到某一步时，如果出现的图像呈现出杂乱无章、无法辨识的情况，那么，就得到了一幅置乱图。

Arnold变换通过改变图像像素点的坐标，来改变图像像素点的布局，从而将离散化的数字图像矩阵中的点重新排列。Arnold变换具有周期性，具体如表2-1所示。

从该表可以看出：矩阵阶数 N 不同，二维Arnold变换的周期就会不同。同时矩阵阶数与Arnold变换的周期并不成正比，也不成反比。为了减少Arnold变换所带来的花费，在设计水印算法时，应尽量选择Arnold变换周期较小的阶数。

数字水印技术正是利用Arnold变换的这个周期性特性，在秘密水印嵌入之前先对其进行置乱，然后利用各种算法将秘密水印嵌入到公开载体（数字作品）中。当作品受到修改或攻击时，嵌入的水印会遭到损坏或丢失。将遭到损坏的水印提取出来后，再利用Arnold变换可以恢复出水印图像。

表2-1 不同阶数下二维Arnold变换的周期

矩阵阶数	2	3	4	5	6	7
二维 Arnold 变换的周期	3	4	3	10	12	8
矩阵阶数	8	9	10	12	24	48
二维 Arnold 变换的周期	6	12	30	12	12	150
矩阵阶数	50	100	128	256	480	512
二维 Arnold 变换的周期	24	150	96	192	120	384

2.2.2 混沌置乱

1963年，美国气象学家Lorenz在研究模拟天气预报时发现了混沌现象。当时他把大气的动态方程简化成了三阶非线性方程（后来被称为Lorenz方程），应用当时的计算技术，发现这个确定性方程的动力学演化具有类似随机的性质，发现了著名的Lorenz吸引子，因而推断出长期的天气预报是不可能的结论（即著名的"蝴蝶效应"）。后来，美国生物学家Robert May在研究生物的种群变换的Logistic方程时也发现了这个确定性的动力学系统的演化具有混沌的性征，即对初始条件极端敏感。

混沌运动是自然界中客观存在的有界的、不规则的、复杂的运动形式，并具有以下一些特征：长期运动对初值的极端敏感依赖性，即长期运动的不可预测性（通常称为"蝴蝶效应"）；运动轨迹的无规则性，相空间中的轨迹具有复杂、扭曲、缠绕的几何结构；它是一种有限范围的运动，即在某种意义下（以相空间的有限区域为整体来看）不随时间而变化，即具有吸引域；它具有宽的Fourier功率谱，其功率谱与白噪声功率谱具有相似之处；它具有分数维的奇怪点集，对耗散系统有分数维的奇怪吸引子出现，对于保守系统也具有奇怪的混沌区。

由以上特点可以看出：混沌信号具有的非周期性、连续宽带频谱、类似噪声的特性，使得它具有天然的隐蔽性；对初始条件和微小扰动的高度敏感性，又使混沌信号具有长期不可预见性。混沌信号的隐蔽性和不可预见性使得混沌适宜保密通信。混沌系统本身是非线性确定性系统，因而便于保密通信系统的构造与研究。

混沌系统用于数据加密最早由英国数学家Matthews提出，从此人们开始了混沌密码的研究。而简单的动力学系统产生的混沌信号能表现出非常复杂的伪随机性（这符合Shannon所提出的密码设计应遵循的混乱原则），它们难以预测任何微小的初始偏差都会随时间被指数式放大（这符合Shannon所提出的密码设计应遵循的扩散原则），因此，关于初始状态的少量参数就可以产生满足密码学基本特性的混沌密码序列，具有自然的伪随机特性，因而特别适用于进行保密通信。混沌加密原理：混沌加密的原理就是在发送端把待传输的有用信号叠加（或某种调制机制）上一个（或多个）混沌信号，使得在传输信道上的信号具有类似随机噪声的性态，进而达到加密保密通信的目的。在接收端通过对叠加的混沌信号的去掩盖（或相应的解调机制），去除混沌信号，恢复出真正传输的信号。

混沌在许多非线性系统中是一种非常典型的现象[55]。它貌似是一种无规则的运动，实际上是确定性系统中出现的类似随机的过程。因此，有了它的初始值和参数，就能够生成这个混沌系统[56]。混沌映射有 Kent、Logistic、Chebyshev 映射等形式[57]。

1.Logistic 混沌映射

Logistic 混沌序列已广泛用于许多领域，它在统计特性上属于真正的随机序列。为了保证本算法具有良好的安全性和抗干扰性能，在秘密的水印信息嵌入公开的载体图像之前，先对其进行混沌置乱预处理，使水印信息变成乱码；同样，在提取出秘密水印信息后，也必须经混沌序列解调，从而恢复出真正的水印信息。

从表现形式上看，一维 Logistic 映射非常简单，实际上，它具有非常复杂的动力学行为，在保密通信等多个领域都有十分广泛的应用[58]，其数学表达公式如下：

$$X_{n+1} = \mu \cdot X_n \cdot (1 - X_n) \tag{2-13}$$

其中：$0 \leqslant \mu \leqslant 4$；$0 \leqslant X \leqslant 1$；$n$ 取大于等于 0 的整数。

μ 被称为 Logistic 参数。研究表明，当 $X \in [0, 1]$时，Logistic 映射工作处于混沌状态。此时 Logistic 映射产生的序列是非周期的、不收敛的。如果 X 的取值在此范围之外，生成的序列必将收敛于某一个特定的值。

参数 μ 的取值，对于结果也会产生很大的影响，具体如图 2-8、图 2-9 所示。

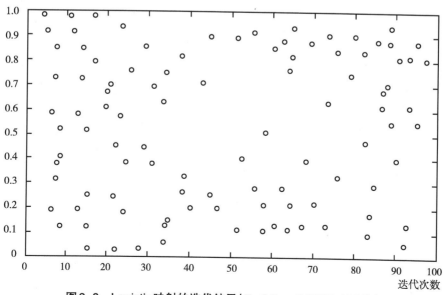

图 2-8　Logistic 映射的迭代结果(X_0=0.5，μ=3.9999，100 次)

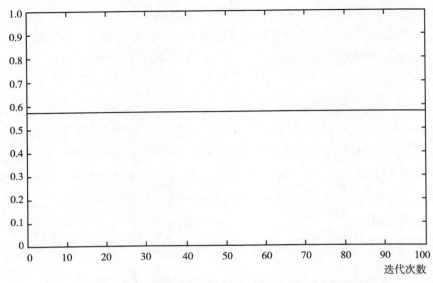

图2-9　Logistic映射的迭代结果（X_0=0.5，μ=3.4999，100次）

从上图可以看出，在 μ 的取值比较靠近4时，迭代生成的值是出于一种伪随机分布的状态。通过定量的计算分析可得到如下结论：

当 3.5699456 < μ ≤ 4 时，Logistic映射呈现出伪随机分布。

当 0 ≤ μ < 3.5699456 时，Logistic映射收敛到一个特定的数值。

Logistic混沌映射产生的序列值，对初值 X 具有高敏感性。即：当初始条件 X_0 取不同值时，获得 X 的值序列呈现截然不同的状态。Logistic混沌映射的特性如图2-10所示。

在使用Logistic混沌系统时，先让系统迭代一定次数，然后再使用生成的值，这样可以更好地掩盖原始情况，使雪崩效应扩大，从而获得更好的安全性。为了精确测试Logistic混沌映射的随机分布特性，取初值 X_0 = 0.765 ，μ=3.9999的Logistic混沌映射进行1000次的迭代后对其值进行统计，分布情况如表2-2所示。从该表可以看出，Logistic映射的迭代序列的分布并不是均匀的。进一步实验也能看到：如果 X_0 取不同的值，Logistic映射的迭代序列的分布仍然是不均匀的。而且从表中我们还可以看出，其分布是一种两头大中间小的情形。虽然分布情况并不是很平均，但是对于一般情形来说，Logistic映射序列能满足需求，而且可以对其加以改进，使之可以获得更好的平均性。

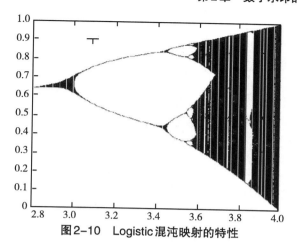

图2-10 Logistic混沌映射的特性

表2-2 Logistic混沌映射数据分布特性

分布区间	个数	所占百分比
0 ~0.1	216	17.6 %
0.1~0.2	104	10.4 %
0.2~0.3	99	9.9 %
0.4~0.5	77	8.7 %
0.5~0.6	68	8.8 %
0.6~0.7	59	7.9 %
0.7~0.8	77	9.7 %
0.8~0.9	103	11.3 %
0.9~1.0	197	15.7 %

2.Chebyshev映射

Chebyshev映射是一种简单但是非常有效的混沌映射，它以阶数为参数。它的迭代方程简单，易于实现，还具有非常强的初值敏感性。Chebyshev映射的表达如2-14式所示：

$$x(n+1) = \cos\{w* \arccos[x(n)]\} \qquad (n=1，2，3，\cdots) \qquad (2\text{-}14)$$

其中：w 为Chebyshev映射的阶数。

当 $w>2$ 时，映射具有正的Lyapunov指数，系统进入混沌状态。图2-11展示了Chebyshev映射的分岔图。从该图中可以看出：

当映射处于混沌状态时，$x(n)\in[-1,1]$（$n=1，2，3，\cdots$）。

图2-12展示了Chebyshev映射的概率分布密度图。从该图中可以清晰地看

出：Chebyshev 映射的概率密度分布函数 $\rho(x)$ 是关于 $x=0$ 呈偶对称的。

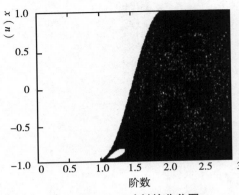

图2-11　Chebyshev 映射的分岔图

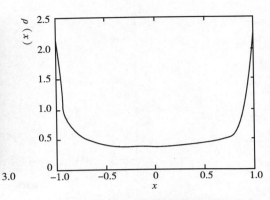

图2-12　Chebyshev 映射的概率分布密度

2.2.3 幻方变换

幻方也称纵横图，即在 $m\times m$ 的方阵中，放入从1开始的 m^2 个自然数；在一定的布局下，其各行、各列和两条对角线上的数字之和正好都相等。这个和数就称为幻方常数或幻和。

如果以自然数1，2，3，…，m^2 为元素的 m 阶矩阵

$$A=\begin{pmatrix} a_{11} & \cdots & a_{1m} \\ \vdots & \ddots & \vdots \\ a_{m1} & \cdots & a_{mm} \end{pmatrix} \tag{2-15}$$

满足：

$$\sum_{x=1}^{m} a_{x,\,y} = \sum_{y=1}^{m} a_{x,\,y} = \sum_{x+y=1+a}^{m} a_{x,\,x}(x,\,y)=Q \tag{2-16}$$

则：矩阵 A 为幻方矩阵。

称 Q 为矩阵 A 的标准幻方。

其中：$x=1$，2，3，…，m；$y=1$，2，3，…，m；a_{xy} 为矩阵的第 x 行，第 y 列所对应的元素；Q 是与 m 有关的常数。

对于任意 m 阶的幻方来说，Q 和方阵阶数 m 的关系是

$$Q=\frac{m^2(m^2-1)}{2} \tag{2-17}$$

那么：

假如与数字图像相对应的 m 阶数字矩阵 B，对取定的 m 阶幻方 A，将 B 与 A 按照行和列一一对应。其具体步骤如下所示：

（1）在 A 中，将标号为 k 的元素移到标号为 $k+1$ 的位置。如果 $k=m^2$，那么将 k 移到1所在的位置。其中 $k \in \{1, 2, \cdots, m^2\}$。

（2）随着 A 中元素位置的移动，B 也做相应的移动。

经过这样的置换之后，矩阵 A 转换为矩阵 A_1，即：$A_1=EA$。对 A_1 来说，可以重复上述置换的矩阵 $A^2=EA$。如此继续下去，经过 m^2 步，$A_{m2}=A$。一般情况下，A_1，A_2，$\cdots$，A_{n2-1} 并不满足式（2-16），它们不是幻方。对数字图像矩阵 B，注意 B 与 A 之间，元素的对应关系，随 A 转换为 A_1，而把 B 中对应像素信息做相应的移植，产生数字图像矩阵 B_1，记为

$$EB=B_1$$

一般说来，$E \wedge B = B_n$

2.2.4 希尔伯特变换

希尔伯特变换是以著名数学家大卫·希尔伯特（David Hilbert）的名字来命名。在数学与信号处理的领域中，一个实值函数的希尔伯特变换（Hilbert Transform）（在此标示为 H）是将信号 $s(t)$ 与 $1/(\pi t)$ 做卷积，以得到 $s'(t)$。因此，希尔伯特变换结果 $s'(t)$ 可以被解读为输入是 $s(t)$ 的线性时不变系统（Linear Time Invariant System）的输出，而此系统的脉冲响应为 $1/(\pi t)$。这是一项有用的数学，在通信理论中发挥着重要作用。

Hilbert 曲线是德国数学家 Peano1891 年发现的 Peano 曲线的一种变形，这种变形是根据单位正方形的每条边，把它划分成两个相同的部分，实质上也就是把单位正方形分成大小相同的四个小正方形，以此类推，后面的方法相同。根据 Hilbert 曲线方向的变化和数字图像中的所有点遍历，就可以生成一幅杂乱的、新的数字图像，这就是基于 Hilbert 曲线的数字图像置乱方法。

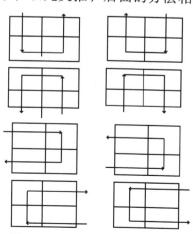

Hilbert 变换是根据 Hilbert 曲线方向的变化及出入口点的不同，来判断数字图像置乱的遍历顺序。因此，根据 Hilbert 曲线变换的方向，出口点和入口点方向的不同，就可以得到不同的置乱路径。对于1阶 Hilbert 曲线可以得到置乱图像的八种路径，如图2-13所示，根据图像中箭头方向的变化来判断路径。

图2-13 希尔伯特曲线路径分类

2.3 数字水印的攻击

对数据的各种编辑和修改常常导致信息损失，又由于水印与数据紧密结合，所以也会影响到水印的检测和提取，这些操作统称为攻击。数字水印的攻击技术可以用来评测数字水印的性能，它是数字水印技术发展的一个重要方面。如何提高水印的鲁棒性和抗攻击能力是水印设计者最为关注的问题。

水印攻击与密码攻击一样，包括主动攻击和被动攻击。主动攻击的目的并不是破解数字水印，而是篡改或破坏水印，使合法用户也不能读取水印信息。而被动攻击则试图破解数字水印算法。相比之下，被动攻击的难度要大得多，但一旦成功，则所有经该水印算法加密的数据全都失去了安全性。主动攻击的危害虽然不如被动攻击的危害大，但其攻击方法往往十分简单，易于广泛传播。无论是密码学还是数字水印，主动攻击都是一个令人头疼的问题。

对于数字水印来说，绝大多数攻击属于主动攻击，但主动攻击并不等于肆意破坏。以版权保护水印为例，如果将嵌入了水印的数字艺术品弄得面目全非，对攻击者也没有好处，因为遭受破坏的艺术品是无法销售的。对于票据防伪水印来说，过度损害数据的质量是没有意义的。真正的主动水印攻击应该是在不过多影响数据质量的前提下，除去数字水印。

破解数字水印的算法是十分困难的，各种类型的数字水印算法都有自己的弱点。例如，时域扩频隐藏对同步性的要求严格，破坏其同步性（如数据内插），就可以使水印检测器失效。从数字水印系统的实际应用领域可以看出，它在完整性认证、内容认证、版权保护、保密通信、电子印章系统等领域都有着非常重要的应用。正如道高一尺魔高一丈一样，数字水印技术和密码技术都是在不断的攻击与防守中发展壮大的。因此，研究数字水印系统的攻击方法对其的健康发展有非常重要的意义。

2.3.1 按照攻击方法分类

按照数字水印的攻击方法可将数字水印分为四类：鲁棒性攻击（Robustmss Attack）、表达攻击（Presentation Attack）、解释攻击（Interption Attack）、合法攻击（Legal Attack）。

1.鲁棒性攻击

鲁棒性攻击就是直接攻击，其目的在于擦除或除去在标记过的数据中的水印而不影响到图像的使用。这类攻击修改图像像素的值，大体上可再细分为两种类型：信号处理攻击法和分析攻击法。

　　典型的信号处理攻击法包括无恶意的和常用的一些信号处理方法，如压缩、滤波、缩放、打印和扫描等。我们对图像经常采取这些处理以适应不同的要求，如对图像进行压缩以得到更快的网络传送速度。信号处理攻击法也包括通过加上噪声而有意修改图像，以减弱图像水印的强度，我们用强度这一术语来衡量嵌入水印信号的幅度相对于所嵌入的数据幅度，类似于通信技术中的调制系数这一概念。应该指出，人们通常有这样的误解：一个幅度很小的水印可以通过加上类似幅度的噪声来除去，实际上，相关检测器对随机噪声这类攻击是很稳健的。因此，在实际应用中，噪声并不是严重的问题，除非噪声相对于图像来说幅度太大或者噪声同水印是相关的。

　　分析攻击法包括在水印的插入和检测阶段采用特殊方法来擦除或减弱图像中的水印。这类攻击往往是利用了特定的水印方案中的弱点，在许多例子中，它证明了分析研究即已足够，不必在真实图像上测试这类攻击。共谋攻击或多重文档攻击就是这类攻击，共谋攻击用同一图像嵌入了不同水印后的不同版本组合而产生一个新的"嵌入了水印"图像，从而减弱水印的强度。

　　2.表达攻击

　　表达攻击有别于稳健性攻击之处在于它并不需要除去数字产品内容中嵌入的水印，它是通过操纵内容从而使水印检测器无法检测到水印的存在。例如，表达攻击可简单地通过一个不对齐嵌入了水印的图像来愚弄自动水印检测器，实际上在表达攻击中并未改变任何图像像素值。更多的关于表达攻击的例子包括旋转、放大及通常的仿射变换。该类攻击的主要思想是在检测水印之前，水印方案要求嵌入了水印的图像被正确地对齐。

　　现有的一些图像及视频水印方案中，图像中除嵌入水印外还需嵌入一个登记模式以抵抗几何失真，但在应用中，这个登记模式往往成了水印方案的致命弱点，如果正常的登记过程被攻击者阻止，那么，水印的检测过程就无法进行从而失效。对一个成功的表达攻击而言，它并不需要擦除或除去水印。为了战胜表达攻击，水印软件应有同样的交互才能进行成功的检测。或者，设计成为能容纳通常的表达模式，尽管在工程上实现这样的智能仍是非常困难的。

　　3.解释攻击

　　在一些水印方案中可能存在对检测出的水印的多个解释。例如，一个攻击试图在一个嵌入了水印的图像中再次嵌入另一个水印，该水印有着与所有者嵌入的水印相同的强度，由于一个图像中出现了两个水印，所以，导致了所有权的争议。在解释攻击中，图像像素值或许被改变或许不改变。此类攻击往往要求对所攻击的特定的水印算法进行深入彻底的分析。

解释攻击的攻击者并没有除去水印而是在原图像中"引入"了他自己的水印，从而使水印失去了意义，尽管他并没有真正地得到原图像。在这种情况下，攻击者同所有者和创造者一样拥有发布的图像的所有权的水印证据。对统计水印技术同样可进行解释攻击，尽管在统计水印技术的检测阶段不需要原图像。这种独特的攻击利用了水印方案的可逆性，这个特性使攻击者可以加上或减去水印。补救和解决方法包括在插入水印过程中，加入一个原图像的单向 Hash 函数，使攻击者除去水印而不产生视觉上可察觉的降质是不可能的。

4.合法攻击

合法攻击与前面提到的鲁棒性攻击、表达攻击、解释攻击都不同，前面提到的这三类可归结为技术攻击，而合法攻击则完全不同。攻击者希望在法庭上利用此类攻击，他们的攻击是在水印方案所提供的技术优点或科学证据的范围之外进行的。合法攻击可能包括现有的及将来的有关版权和有关数字信息所有权的法案，因为在不同的司法权中，这些法律有可能有不同的解释。

理解和研究合法攻击要比理解和研究技术攻击困难得多。作为一个起点，我们首先应致力于建立一个综合全面的法律基础设施，以确保正当的使用水印和利用水印技术提供的保护作用。同时，避免合法攻击导致降低水印应有的保护作用。合法攻击是难以预料的，但是一个真正稳健的水印方案必须具备这样的优点：攻击者使法庭怀疑数字水印方案的有效性的能力降至最低。

2.3.2 按照攻击原理分类

按照攻击原理，可以将数字水印攻击分为：移除攻击、几何攻击、密码攻击和协议攻击四类。

1.移除攻击

水印的移除攻击是指从含有秘密水印信息的公开载体中，部分或者全部地去除里面的水印信息。这类攻击方法一般把水印信号看作是具有一定统计特性的噪声，并且一般要通过线性或非线性滤波降噪来实现。水印移除攻击的目标是从含有水印信息的载体中移除水印信息而不破坏水印算法的安全性（不使用水印嵌入时的密钥）。水印移除攻击包括：基本攻击，多重水印攻击，合谋攻击（Collusion Attacks）等。也许这些方法并不能完全去除秘密的水印信息，但至少它们能够明显地破坏水印信息。

基本攻击：在水印移除攻击中，最简单的是"基本攻击"（Basic Attack）。基本攻击是所有攻击类型中最简单的一种，成熟的移除攻击使用的是类似于降噪或量化的方法，对嵌入的水印信息进行削弱，同时又能保持受到攻击的信息不被过度破坏。

多重水印攻击：它是指攻击者可能会应用基本框架的特性来嵌入自己的水印信息，从而不管攻击者还是产品的所有者都能用自己的密钥提取出自己的水印信息。这时，原始所有者必须在产品正式发布之前，保存一份自己嵌入了水印信息的产品，用该备份产品来检测发布出去的产品是否被嵌入了多重水印信息。

合谋攻击：它通常采用一个数字作品的多个不同的水印化拷贝实现。数字作品的一个水印化拷贝成为一个检测体。

Cox提出的一个联合攻击，利用多个检测体进行多次平均统计操作，最后得到一个成功削去水印的载体数据。在另一个联合攻击中，从每个检测体中提取不同位置的一小部分数据，重新合并成一个新的载体数据，而这个载体数据中的水印基本上已经不存在了。

为了对抗这种攻击，必须在水印信号生成过程中采用随机密钥加密的方法。采用随机密钥的加密，对于水印的提取过程没有影响，但是基于伪随机化的削去攻击将无法成功。因为，每次嵌入的水印都不同，水印嵌入器将不能确定出近似的源数据来。

Su和Girod采用维纳滤波器估计水印，并给出了对抗维纳滤波的方法：利用水印的功率谱与原始图像的功率谱成比例，使维纳滤波难以滤掉水印。Voloshy Novskiy等认为抵抗基于噪声的攻击，水印算法应该结合人眼视觉特性，在图像纹理或边缘区域嵌入强度加强，平滑区域嵌入强度减弱。

2.几何攻击

几何攻击是指通过对含水印的载体信息做各种全局或局部仿射、投影变换等行为的攻击，主要包括平移、缩放、旋转、纵横比改变、水平翻转、镜像、投影失真和删除行列等。其中旋转（Rotation）、缩放（Scale）和平移（Translation）通常简称为RST，也称仿射变换。这种攻击基于许多数字水印算法的设计缺陷，因为在几何攻击下，数字水印仍然在载体信息中，也就是说该攻击并没有直接去除秘密的数字水印信息，甚至幅度都没有变化，但这些操作使媒体数据的空间或时间序列的排布发生变化，即它使秘密的水印信号发生了错位，已经不能维持正常水印提取过程所需要的同步性，所以，嵌入的秘密水印信息很难被检测出来。也就是说，几何变形攻击不会移除嵌入的水印信息，而是破坏嵌入水印信息的同步特性。

正是因为抗几何攻击的难度很大，所以，一些数字水印算法对于诸如缩放、剪切、旋转等几何同步攻击的效果还有待进一步提高。因此，抵抗几何攻击是数字水印技术进一步商业化急需解决的重要问题，是一个十分困难而极具挑战性的课题。

对图像水印来说，著名的测试工具 Unzign 和 Stirmark 就结合了多种几何攻击。Unzigh 提出局部像素点抖动攻击方法，该方法对空间域水印非常有效。Stirmark 使用了一种最低的，无法觉察到的几何扭曲变形：图像被轻微地拉伸、平移、剪裁、旋转和倾斜，图像由不可见的随机数值控制。

假设 A、B、C、D 是图像的四个角的像素亮度值，则此图像中的某一个点的亮度值 M 可以用双线性插值公式表示为

$$M = \alpha[\beta A + (1-\beta) D] + (1-\alpha)[\beta B + (1-\beta) C] \qquad (2-18)$$

3.密码攻击

密码攻击类似于密码学中的密码破译，但又不同于密码破译。它是指从含有秘密水印信息的载体信息中分析水印信息。密码攻击的主要目的是破坏水印算法的安全方法，进而找到移除嵌入水印信息或者嵌入误导水印的方法。

常见的密码攻击包括：穷举搜索攻击、统计平均攻击，Oracle 攻击。

穷举搜索攻击：对嵌入的秘密水印信息进行强有力的搜索，这种方法类似于密码学中解密时使用的穷举法，它通过穷举水印空间得到水印。

统计平均攻击：利用不同的密钥及所对应的不同的水印建立一个数据集合，计算出其平均值作为攻击数据，如果这个集合足够大，则会导致水印无法被检测出来。

Oracle 攻击：可以在检测时产生一幅不含水印的图像。在绝大多数水印的应用场合，攻击者都能够获得和使用水印检测器。

4.协议攻击

与传统的攻击方法不同，协议攻击是指通过减掉一个水印，而不是加上一个水印来实现攻击。它依赖于水印方案的可逆性，其目的是攻击水印应用协议，给水印造成混乱，使水印在认证过程中无法判定真伪。目前有两种著名的协议攻击：拷贝攻击和抵抗协议攻击。

拷贝攻击的流程如图 2-14 所示，其目的不是破坏水印或降低检测器性能，而是要从含水印的载体图像中估计出水印，并把它嵌入到自己的目标图像中，达到混淆图像真正所有者的目的。抵抗拷贝攻击可以建立水印和载体图像的某种关

系，如嵌入脆弱水印来识别图像是否被修改或使水印依赖于载体图像。

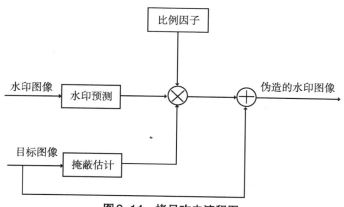

图2-14　拷贝攻击流程图

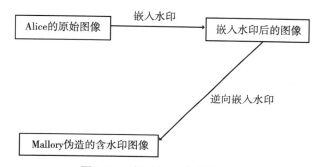

图2-15　抵抗协议攻击流程图

抵抗协议攻击的流程如图2-15所示，它是使嵌入方案是原始图像的单向函数（Hash函数）或强制要求水印依赖于原始图像，如Craver等提出水印嵌入不可逆，使攻击者很难伪造水印。它的基本思想是许多水印方案没有切实可行的方法来检测那些嵌入了两个水印的图像中，哪个水印是最先嵌入的。假设Alice是图像的原始拥有者，她在原始的载体图像中嵌入了水印W，从而得到嵌入水印信息后的图像I′，这个嵌入了水印的图像被发放给用户。

第3章　基于DCT变换的水印算法

信号的变换分析方法通常是通过一组函数来分解信号，从而得到信号在变换域中的表示方法。利用信号在变换域中某些特征趋于集中的特点，来提取其特征从而进行分析。傅里叶变换（Fourier Transform）表示能将满足一定条件的某个函数表示成三角函数（正弦和/或余弦函数）或者它们的积分的线性组合。在不同的研究领域，傅里叶变换具有多种不同的变体形式，如连续傅里叶变换和离散傅里叶变换。最初傅里叶分析是作为热过程的解析分析的工具被提出的。傅里叶变换一直是信号处理中使用最广泛、同时也是使用效果最好的一种手段。它在统计学、声学、数论、物理学、电子类学科、组合数学、信号处理、概率论、密码学、光学、结构动力学、海洋学等领域都有着广泛的应用。例如，在信号处理中，傅里叶变换的典型用途是将信号分解成幅值谱——显示与频率对应的幅值大小。但傅里叶变换只是一种纯频域的分析方法，它在频域的定位性是完全准确的（即频域分辨率最高），而在时域无任何定位性，也无任何分辨能力。这就是说傅里叶变换所反映的是整个信号全部时间下的整体频域特征，而不能提供任何局部时间段上的频率信息。事实上，在我们生活中的常见信号通常都具有非平稳的性质，即其频域性质都是随时间而变化的。对这一类信号用傅里叶变换进行分析，虽然可以知道信号所包含有哪些频率信息，但不能知道这些频率信息具体出现在哪个时间段上，因此，不能提供关于信号完整的信息。可见，傅里叶变换不适用于提取局部时间段（或瞬间）的频域特征信息。

离散余弦变换（Discrete Cosine Tranform，DCT）是一种与傅里叶变换紧密相关的数学运算。在傅里叶级数展开式中，如果被展开的函数式是偶函数，那么其傅里叶级数中只包含余弦项，再将其离散化可导出余弦变换，因此称为离散余弦变换。时间域中信号需要许多数据点表示；在x轴表示时间，在y轴表示幅度。DCT变换利用傅里叶变换的性质，利用图像边界，将图像变换为偶函数形式，然后对图像进行二维傅里叶变换，变换后仅包含余弦项，所以称为离散余弦变换。

在我们日常生活中常遇到的信号在空间域和频域都具有相关性。在空间上相隔较近的样值间的相关性比相隔较远的大得多，而在频域上通常呈带状。为了分析和表示这样的信号，我们需要基函数在空间域和频域是局域性的。由于离散余弦函数的频域分辨率与时域分辨率成反比，刚好与实际信号长时低频、短时高频的特性相吻合，既能精确定位信号的突发跳变，又能把握信号的整体变化率。由此可见，离散余弦变换是一种比较理想的进行信号处理的数学工具。

3.1 离散余弦变换

离散余弦变换（DCT）编码属于正交变换编码方式，用于去除图像数据的空间冗余。变换编码就是将图像光强矩阵（时域信号）变换到系数空间（频域信号）上进行处理的方法。在空间上具有强相关的信号，反映在频域上是在某些特定的区域内能量常常被集中在一起，或者是系数矩阵的分布具有某些规律。我们可以利用这些规律在频域上减少量化比特数，达到压缩的目的。图像经DCT变换以后，DCT系数之间的相关性就会变小。而且大部分能量集中在少数的系数上，因此，DCT变换在图像压缩中非常有用，是有损图像压缩国际标准JPEG的核心。

DCT变换可以用到彩色图像上。彩色图像由像素组成，这些像素具有RGB彩色值。每个像素都带有 (x, y) 坐标，对每种原色使用8×8或者16×16矩阵。在灰度图像中像素具有灰度值，它的 (x, y) 坐标由灰色的幅度组成。为了在JPEG中压缩灰度图像，每个像素被翻译为亮度或灰度值。为了压缩RGB彩色图像，这项工作必须进行三遍，因为JPEG分别得处理每个颜色成分，R成分第一个被压缩，然后是G成分，最后是B成分。而一个8×8矩阵的64个值，每个值都带有各自的 (x, y) 坐标，这样我们就有了一个像素的三维表示法，称作控件表达式或空间域。通过DCT变换，空间表达式就转化为频谱表达式或频率域，从而达到了数据压缩的目的。

DCT是一种很好的变换，它有很多优点。

（1）视频图像的相关性明显下降，信号的能量主要集中在少数几个变换系数上，采用量化和熵编码可有效地压缩其数据。

（2）DCT产生的系数很容易被量化，因此能获得好的块压缩。

（3）具有较强的抗干扰能力，传输过程中的误码对图像质量的影响远小于预测编码。通常，对高质量的图像，DPCM要求信道误码率，而变换编码仅要求信道误码率。

（4）DCT算法的性能很好，它有快速算法，如采用快速傅里叶变换可以进行高效的运算，因此它在硬件和软件中都容易实现。

（5）DCT算法是对称的，所以利用逆DCT算法可以用来解压缩。

3.1.1 二维离散余弦变换

二维离散余弦正变换公式为

$$F(u,v)=c(u)c(v)\frac{2}{N}\sum_{x=0}^{N-1}\sum_{y=0}^{N-1}f(x,y)\ \cos\left(\frac{2x+1}{2N}u\pi\right)\cos\left(\frac{2y+1}{2N}v\pi\right) \quad (3-1)$$

其中：x，y，u，$v=0$，1，…，$N-1$。

$$c(u)=c(v)=\begin{cases}\dfrac{1}{\sqrt{2}} & u=0,\ v=0 \\ 1 & 其他\end{cases}$$

二维离散余弦逆变换公式为

$$f(x,y)=\frac{2}{N}\sum_{u=0}^{N-1}\sum_{v=0}^{N-1}c(u)c(v)F(u,v)\ \cos\left(\frac{2x+1}{2N}u\pi\right)\cos\left(\frac{2y+1}{2N}v\pi\right) \quad (3-2)$$

其中：x，y，u，$v=0$，1，…，$N-1$。

$$c(u)=c(v)=\begin{cases}\dfrac{1}{\sqrt{2}} & u=0,\ v=0 \\ 1 & 其他\end{cases}$$

3.1.2 离散余弦变换的系数分布

DCT变换充分考虑了人类的视觉特性。当一个图像经过DCT变换以后，得到的系数分布如下。

直流分量DC：它是图像变换后的第一个系数，属于直流系数，用来表示图像块的平均亮度。

交流系数AC：它是除了直流系数DC以外的所有系数，属于交流系数。AC包括高频系数，中频系数，低频系数三部分。

直流系数DC和交流系数AC的频带分布如图3-1所示，它们的方向分布如图3-2所示：

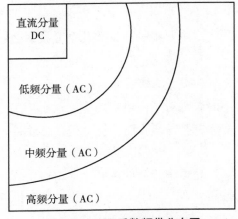

图3-1　DCT系数频带分布图

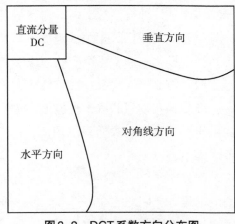

图3-2　DCT系数方向分布图

为了更加直观地说明问题，现以8×8分块的图像经过DCT变换后的DCT频域系数矩阵分布来说明问题，具体如图3-3所示。

左上角：对应低频系数，其中系数（0，0）对应直流系数DC；

中间部分：对应中频系数，具体位置如图3-3所示，其中阴影部分对应中频系数；

右下角：对应原图像的高频系数。

DCT变换以后，高频系数的绝对值较小，低频系数的绝对值较大。人眼对于低频区比较敏感，但是对于高频区不是十分敏感。将数字水印嵌入到图像的高频系数中，能较好地保证水印的不可见性。但问题是水印很容易在图像的常规处理操作中损失。因此，这样设计的水印，其鲁棒性比较差。如果把数字水印嵌入到低频部分，就会获得比较好的鲁棒性，但这会引起的图像质量的大幅度下降，也就是说水印的不可感知性比较差。如何选取秘密水印信息的嵌入位置，是基于DCT变换的水印算法研究的主要问题之一[59]。

目前基于DCT变换的水印算法主要有以下两种。

1.分块变换方法

基于分块的DCT是最常用的DCT变换。目前采用的视频压缩标准MPEG和静止图像压缩标准JPEG和也是基于分块DCT的。

最早基于分块DCT的数字水印方案是由一个密钥随机地选择图像的一些分块，在频域的中频上稍微改变一个三元组，以隐藏二进制序列信息，该数字水印算法对有损压缩和低通滤波是鲁棒的。

图3-3 8×8的DCT系数分布图

2.全局变换方法

全局变换方法直接对整幅数字图像进行离散余弦变换。最具代表性的是Cox，Kilian，Leighton，Tshamoon等提出的基于扩展频谱的全局变换方法[60]。为了提高数字水印算法的鲁棒性，Cox，Kilian，Leighton，Tshamoon等认为秘密水印信息应该嵌入到DCT域的低频系数。其原因是低频系数分量是图像信号的主要成分，携带较多的信号能量，在图像有一定失真的情况下，仍能保留主要成分。在具体实现时，首先对整幅图像进行DCT变换，将水印信息叠加到频域系数中幅值最大的前K个系数上，通常为图像的低频系数。水印是服从高斯分布的随机数序列，水印嵌入采用乘性嵌入方法。

8×8DCT变换数字水印算法是首先将图像分成8×8大小的不重叠图像块，在经过分块DCT变换后，即得到由DCT系数组成的8×8频率块，然后随机选取一些频率块，将水印信号嵌入到由密钥控制选择的一些DCT系数中。该算法是通过对选定的DCT系数进行微小变换以满足特定的关系，以此来表示一个比特的信息。在提取秘密水印信息时，选取相同的DCT系数，并根据系数之间的关系确定比特信息[61]。

在图像的离散余弦变换系数上嵌入水印信息，最重要的难题是究竟把秘密的水印信息嵌入的载体DCT系数的哪个位置。在大多数水印算法中，为了保证秘密水印信息的不可感知性，通常会把水印嵌入到高频系数中，但这些算法所产生的水印鲁棒性较差。Cox，Kilian，Leighton，Tshamoon等提出水印应嵌入到图像感知重要的分量即低频部分，可获得较好的鲁棒性，但对图像质量影响较大。对此，一些学者对水印算法的不可感知性和鲁棒性进行折衷，他们把水印嵌入的载体DCT系数的中频部分，但中频系数的鲁棒性较低频系数的鲁棒性要差[62]。

3.1.3 DCT变换在图像压缩中的应用

图像所需的存储空间是不可估量的。因此，可以从图像数字化的特点出发，对大量的图像数据进行压缩，达到提高图像传输速率、易于存储和处理、节省存储空间的目的[63]。图像压缩，又称图像编码，是指以较少的数据比特有损或无损地表示原始图像的技术[64]。由于人眼对图像的高色度要比亮度敏感，所以图像压缩可以分为以删除图像数据中冗余信息为主的无损压缩和以删除不相干信息为主的有损压缩[65]。

有损压缩是利用了人类对图像或声波中的某些频率成分不敏感的特性，允许压缩过程中损失一定的信息；虽然不能完全恢复原始数据，但是所损失的部分对理解原始图像的影响较小，却换来了大得多的压缩比，这种压缩是不可逆的[66]。有损压缩广泛应用于语音、图像和视频数据的压缩。有损方法的一个优点就是在有些情况下能够获得比任何已知无损方法小得多的文件，同时又能满足系统的需要。当用户得到有损压缩文件的时候，如为了节省下载时间，解压文件与原始文件在数据位的层面上看可能会大相径庭，但是对于多数实用目的来说，人耳或者人眼并不能分辨出二者之间的区别。图3-4就是有损压缩的实例，从效果上看，肉眼根本无法感知损失的信息。而无损压缩不损失原信息的内容，能够准确无误地重现原始图像数据，这种压缩是可逆的[67]。在具体应用中，究竟使用有损压缩还是无损压缩要根据实际情况确定。对于如绘制的技术图、图表、漫画、医疗图像或者用于存档的扫描图像等有重要价值的图像，应该优先使用无损压缩，这是因为有损压缩方法，尤其是在低的位速条件下将会带来压缩失真。有损方法非常适合于自然的图像，或者是想表达某些特定信息的图像。例如，一些应用中图像的微小损失是可以接受的（有时甚至是无法感知的），这样就可以大幅度地减小位速，提高工作效率。

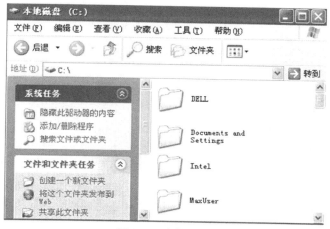

图3-4　有损压缩

　　JPEG 是 Joint Photographic Experts Group 的缩写。它是在国际标准化组织（ISO）领导之下制定的静态图像压缩标准。JPEG诸多的优良特点为它的广泛使用打下了良好的基础。近年来，在网络和光盘读物上，都能找到它的身影。目前各类浏览器均支持JPEG这种图像格式，因为JPEG格式的文件尺寸较小，下载速度快。

　　JPEG本身只描述如何将一个影像转换为字节的数据串流（Streaming），但并没有说明这些字节如何在任何特定的储存媒体上被封存起来。目前，JPEG是最常用的图像文件格式，它是由一个软件开发联合会组织制定的，是一种有损压缩格式，能够将图像压缩在很小的储存空间，图像中重复或不重要的资料会被丢失，因此，容易造成图像数据的损伤。尤其是使用过高的压缩比例，将使最终解压缩后恢复的图像质量明显降低，如果追求高品质图像，不宜采用过高压缩比例。但是JPEG压缩技术十分先进，它用有损压缩方式去除冗余的图像数据，不仅能获得极高的压缩率，而且能展现十分丰富生动的图像。换句话说，就是可以用最少的磁盘空间得到较好的图像品质。JPEG是一种很灵活的格式，能调节图像的质量，允许用不同的压缩比对文件进行压缩，压缩比通常在10：1到40：1之间，压缩比越大，品质就越低；相反地，品质就越高。在实际应用中，可以在图像质量和文件的大小之间找到一个最佳的平衡点。由于JPEG格式压缩的主要是高频信息，而对色彩信息保留得比较好，因此，它适合用于互联网，这样可减少图像的传输时间，可以支持24bits真彩色，也普遍应用于需要连续色调的图像。

图3-5是一个BMP图像，它的分辨率为1280×1024，是一个24位的位图，其大小为379kB。图3-6是一个JPEG图像，其大小为30.8kB。从视觉效果看，这2个图没有明显的区别。但是JPEG图所占用的空间只有BMP的8%，也就是说其压缩比达到了12:1。

图3-5　BMP图像(379kB,24位位图，
　　　　分辨率为1280×1024)

图3-6　JPEG图像(30.8kB)

3.2 基于DCT变换的图像压缩编码

在基于DCT变换的图像压缩编码过程中，首先将输入图像的颜色空间转换后分解为8×8大小的数据块；然后用正向二维DCT变换把每个块转变成64个DCT系数值。在这64个DCT系数中，有1个数值是直流系数（即DC系数），即8×8空域图像子块的平均值，其余的63个系数是交流系数（即AC系数）；接下来对DCT系数进行量化；最后将量化后的DCT系数进行编码和传送，从而完成图像的整个压缩过程，具体流程图3-7所示。

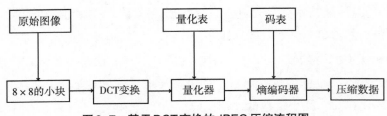

图3-7　基于DCT变换的JPEG压缩流程图

基于IDCT变换的图像解压缩过程见图3-8所示,与图3-7刚好相反,解码时,首先对已量化的DCT系数进行解码;然后求逆量化并把DCT系数转化为8×8样本像块(使用二维DCT反变换);最后将操作完成后的块组合成一个单一的图像。这样就完成了图像的解压过程。

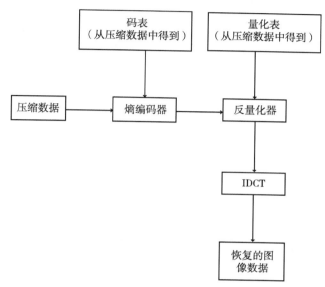

图3-8 基于IDCT变换的JPEG解压缩流程图

3.2.1 颜色空间的转换和采样

JPEG是ISO和CCITT为静态图像建立的一个国际数字图像压缩标准。JPEG文件使用的颜色空间为1982年推荐的电视图像数字化标准CCIR601(现为ITU-RBT.601)。在这个色彩空间中,每个分量、每个像素的电平规定为255级,用8位代码表示。JPEG只支持YCbCr颜色模式。

YCbCr是色彩空间的一种,通常用于影片中的影像连续处理,或是数字摄影系统中。Y代表颜色的亮度(luma)、CbCr代表色度。而Cb和Cr分别为蓝色和红色的浓度偏移量。

全彩色图像RGB模式转换到YCbCr模式,可以用下面一组公式表示:

$$\begin{cases} Y = 0.299R + 0.587G + 0.114B \\ Cr = (R - Y)/1.402 \\ Cb = (B - Y)/1.772 \end{cases} \tag{3-3}$$

其逆变换为

$$\begin{cases} R = Y + 1.402\text{Cr} \\ G = Y - 0.344\text{Cb} - 0.714\text{Cr} \\ B = Y + 1.772\text{Cb} \end{cases} \qquad (3-4)$$

JPEG是以8×8的块为单位来进行处理的，由于人眼对亮度Y非常敏感，而对色度CbCr的敏感度要弱很多，所以采用缩减取样的方式，通常采用YUV422取样，如图3-9所示。

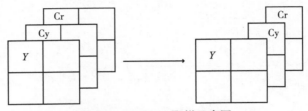

图3-9　YUV422取样示意图

即对于16×16的块，Y取4个8×8的块，Cb、Cy各取2个8×8的块。8×8的图像经过DCT变换后，其低频分量都集中在左上角，高频分量分布在右下角（DCT变换实际上是空间域的低通滤波器）。由于该低频分量包含了图像的主要信息（如亮度），所以非常重要。与低频相比，高频分量的重要性要低很多，甚至可以忽略高频分量，从而达到压缩的目的。将高频分量去掉，这就要用到量化，它是产生信息损失的根源。这里的量化操作，就是将某一个值除以量化表中对应的值。由于量化表左上角的值较小，右上角的值较大，这样就起到了保持低频分量，抑制高频分量的目的。JPEG使用的颜色是YUV格式。其中Y分量代表了亮度信息，UV分量代表了色差信息。YUV是被欧洲电视系统所采用的一种颜色编码方法（属于PAL），是PAL和SECAM模拟彩色电视制式采用的颜色空间。采用YUV色彩空间的重要性是它的亮度信号Y和色度信号U、V是分离的。在这些分量中，Y分量最重要。因此，可以对Y采用细量化，对UV采用粗量化，可进一步提高压缩比。

3.2.2 DCT系数的量化

量化的目的是减小非"0"系数的幅度及增加"0"值系数的数目，它是图像质量下降的最主要原因。它主要是针对经过DCT变换后的频率系数进行量化。对于基于DCT的JPEG图像压缩编码算法，使用如图3-10所示的均匀量化器进行量化，量化步长按照系数所在的位置和每种颜色分量的色调值来确定。可以使用表3-1所示的量化表。从表3-1中可以看出，左上角的量化步长比右下角的量化步长要小，这是因为人眼对低频分量的图像非常敏感，而对高频分量的图像相对不是很敏感。

图像的亮度代表了低频分量，图像的色度代表了高频分量，要分别对亮度和色度进行量化，所以量化表也是不同的。具体如表3-1所示，表中的数字代表了量化步长。

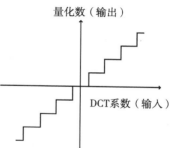

图3-10 均匀量化器

量化会产生误差，表3-1是综合大量的图像测试的实验结果，对于大部分图像都有很好的结果。从表3-1中我们可以看出，高频部分对应的量化值大，目的就是将高频部分编程接近于0，以便以后处理。JPEG可以在压缩比和图像质量间作取舍。方法就是改变量化值。如果量化值放大一倍，则有更多的系数量化为0，提高了压缩比。

表3-1 JPEG压缩色度和亮度量化表

亮度量化表								色度量化表							
16	11	10	16	24	40	51	61	17	18	24	47	99	99	99	99
12	12	14	19	26	58	60	55	18	21	26	66	99	99	99	99
14	13	16	24	40	57	69	56	24	26	56	99	99	99	99	99
14	17	22	29	51	87	80	62	47	66	99	99	99	99	99	99
18	22	37	56	68	109	103	77	99	99	99	99	99	99	99	99
24	35	55	64	81	104	113	92	99	99	99	99	99	99	99	99
49	64	78	87	103	121	120	101	99	99	99	99	99	99	99	99
79	92	95	98	112	100	103	99	99	99	99	99	99	99	99	99

3.2.3 量化系数的编排

8×8的图象经过DCT变换后，其低频分量都集中在左上角，高频分量分布在右下角（DCT变换实际上是空间域的低通滤波器）。由于该低频分量包含了图像的主要信息（如亮度），而高频与之相比，就不那么重要了，所以我们可以忽略高频分量，从而达到压缩的目的。如何将高频分量去掉，这就要用到量化，它是产生信息损失的根源。这里的量化操作，就是将某一个值除以量化表中对应的值。由于量化表左上角的值较小，右上角的值较大，这样就起到了保持低频分量，抑制高频分量的目的。JPEG使用的颜色是YUV格式。我们提到过，Y分量代表了亮度信息，UV分量代表了色差信息。相比而言，Y分量更重要一些。我们可以对Y采用细量化，对UV采用粗量化，可进一步提高压缩比。所以上面所说的量化表通常有两张，一张是针对 Y 的；一张是针对 UV 的。

经过 DCT 变换后，低频分量集中在左上角，其中第一行第一列元素 F（0, 0）代表了直流（DC）系数，即 8×8 子块的平均值，要对它单独编码。由于两个相邻的 8×8 子块的 DC 系数相差很小，所以对它们采用差分编码 DPCM，可以提高压缩比，也就是说对相邻的子块 DC 系数的差值进行编码。8×8 的其他 63 个元素是交流（AC）系数，采用行程编码。

这样就会出现一个问题：这 63 个系数按照什么顺序排列呢？为了保证低频分量先出现，高频分量后出现，以增加行程中连续"0"的个数，这 63 个元素采用了"之"字型（Zig-Zag）的排列方法。

DCT 变换后低频分量多呈圆形辐射状向高频率衰减，可以看成按 Z 字形衰减。因此，量化系数按 Z 字形扫描读数，这样就把一个 8×8 的矩阵变成一个 1×64 的矢量，频率较低的系数放在矢量的顶部。量化后的 DCT 系数的编排如图 3-11 所示。

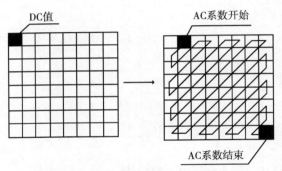

图 3-11　量化 DCT 系数的 Zig-Zag 排列

量化后的 DCT 系数的序号如表 3-2 所示。

表 3-2　DCT 系数量化后的序号

0	1	5	6	14	15	27	28
2	4	7	13	16	26	29	42
3	8	12	17	25	30	41	43
9	11	18	24	31	40	44	53
10	19	23	32	39	45	52	54
20	22	33	38	46	51	55	60
21	34	37	47	50	56	59	61
35	36	48	49	57	58	62	63

下面的表3-3是亮度（*Y*）为8×8的图像子块经过量化后的系数。从该表可以看出，DCT系数量化后只有左上角的几个点（低频分量）不为0，这说明采用行程编码很有效。

表3-3　8×8的图象子块量化后的系数

15	0	−1	0	0	0	0	0
−2	−1	0	0	0	0	0	0
−1	−1	0	0	0	0	0	0
0	0	0	0	0	0	0	0
0	0	0	0	0	0	0	0
0	0	0	0	0	0	0	0
0	0	0	0	0	0	0	0
0	0	0	0	0	0	0	0

3.2.4 DC系数的编码

8×8子块的64个变换系数经量化后，按直流系数DC和交流系数AC分成两类处理。坐标*u*=*v*=0的直流系数DC实质上就是空域图像中64个像素的平均值。图像块经过DCT变换之后得到的DC直流系数有两个特点，一是系数的数值比较大，二是相邻8×8图像块的DC系数值变化不大。根据这个特点，JPEG算法使用了差分脉冲调制编码技术。差分脉冲编码调制（Differential Pulse Code Modulation，DPCM），是一种对模拟信号的编码模式，先根据前一个抽样值计算出一个预测值，再取当前抽样值和预测值之差作为编码用，此差值称为预测误差。抽样值和预测值非常接近（因为相关性强），预测误差的可能取值范围比抽样值变化范围小。所以，可用少几位编码比特来对预测误差编码，从而降低其比特率。这是利用减小冗余度的办法，降低编码比特率。因此，对DC系数编码进行差分脉冲编码就是对相邻图像块之间量化DC系数的差值进行编码，即对相邻块之间的DC系数的差值DIFF=DC^i−DC^{i-1}编码。DC采用差值脉冲编码的主要原因是由于在连续色调的图像中，其差值多半比原值小，对差值进行编码所需的位数，会比对原值进行编码所需的位数少许多。例如，差值为5，它的二进制表示值为101，如果差值为−5，则先改为正整数5，再将其二进制转换成1的补数即可。所谓1的补数，就是将每个bit若值为0，便改成1；bit为1，则变成0。差值5应保留的位数为3，列出差值所应保留的bit数与差值内容的对照。在差值前端另外加入一些差值的霍夫曼码值，如亮度差值为5（101）的位数为3，则霍夫曼码值应该是100，两者连接在一起即为100101。

3.2.5 AC 系数的编码

DCT 变换所得系数除直流系数之外的其余63个系数称为交流系数（AC 系数）。量化 AC 系数的特点是1×64矢量中包含有许多"0"系数，并且许多"0"是连续的，因此使用非常简单和直观的游程长度编码（RLE）对它们进行编码。

所谓行程编码（Run-Length Encoding，RLE）就是指仅存储一个像素值及具有相同颜色的像素数目的图像数据编码方式，或称游程编码，常用 RLE 表示。该压缩编码技术相当直观和经济，运算也相当简单，因此解压缩速度很快。RLE 压缩编码尤其适用于计算机生成的图形图像，对减少存储容量很有效果。

63个 AC 系数采用行程编码的方式进行，编码的格式如图3-12所示。

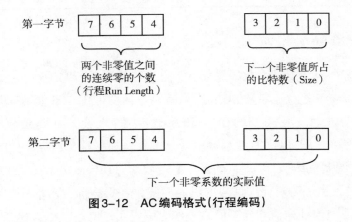

图3-12　AC编码格式（行程编码）

从图3-12可以看出，在 AC01 到 AC63 中，找出每一个非零的 AC 值，将其表示成（NN/SS）VV 的形式，其中：NN 表示该 AC 值前的0的个数。而 SS、VV 与 DC 的定义一样。如果连续的非0超过15个时，增加一个扩展字节：（15/0）表示连续16个0。另外若有一串0延伸到 AC63，一律用（0/0）表示结束。

对于 AC 系数，有两个符号。符号1为行程和尺寸，即上面的 Run Length、Size。（0，0）和（15，0）是两个比较特殊的情况。（0，0）表示块结束标志（End of Block，EOB），（15，0）表示 ZRL，当行程长度超过15时，用增加 ZRL 的个数来解决，所以最多有3个 ZRL（3×16+15=63）。符号2为幅度值（Amplitude）。

对于 DC 系数，也有2个符号。符号1为尺寸（Size）；符号2为幅度值（Amplitude）。

对于AC系数，符号1和符号2分别进行编码。零行程长度超过15个时，有1个符号（15，0），块结束时只有1个符号（0，0）。

对符号1进行霍夫曼编码（亮度、色差的霍夫曼码表不同）。对符号2进行变长整数VLI编码。举例来说：Size=6时，幅度值的范围是-63~32，以及32~63，对绝对值相同，符号相反的码字之间为反码关系。所以AC系数为32的码字为100000，33的码字为100001，-32的码字为011111，-33的码字为011110。符号2的码字紧接于符号1的码字之后。

对于DC系数，Y和UV的霍夫曼码表也不同。

3.2.6 组成位数据流

JPEG编码的最后一个步骤是把各种标记代码和编码后的图像数据组成一帧一帧的数据，这样做的目的是为了便于传输、存储和译码器进行译码，这样组织的数据通常称为JPEG位数据流（JPEG Bit Stream）。

3.3 基于DCT变换的盲水印技术研究

本节将研究在数字音频信号的离散余弦变换域嵌入保密语音的算法，并对所研究的算法的鲁棒性和不可感知性进行了仿真实验。由于在保密语音的嵌入过程中使用了量化方案，因此，在提取时无需使用原始音频信号，是一种盲提取方案。

3.3.1 水印算法的整体框架

本算法采用DCT变换对保密语音进行嵌入和提取。为了使嵌入信息后的语音损伤降低到最低限度，需要利用人耳的听觉特性确定嵌入点。根据人耳的掩蔽效应，语音频谱中能量较高频段的噪声相对于能量较低频段的噪声不易被感知，而保密语音相当于噪声，且中频位于语音能量较高频段，因此在此处嵌入人耳不易察觉。具体如下：首先对载体语音进行分段，并对每一段做DCT变换，然后通过量化刚刚生成的DCT系数完成对秘密水印信息的嵌入，最后对嵌入秘密水印信息后的混合语音信号做分段离散余弦反变换，生成含有秘密水印信息的混合语音，在载体语音中嵌入保密语音后，得到的含有秘密水印信息的混合语音，单靠人类的听觉是很难区分是否含有秘密水印信息的。图3-13显示了保密语音的隐藏过程。

在与嵌入时相同的点提取秘密水印信息。具体步骤如下：对接收到的混合语音信息做分段预处理、DCT变换、量化提取、生成保密语音。图3-14显示了保密语音的提取过程。

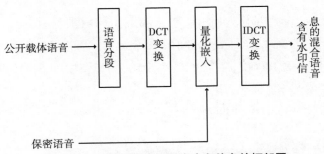

图3-13　DCT域的嵌入秘密水印信息的框架图

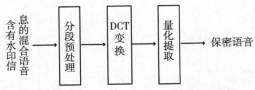

图3-14　DCT域的提取秘密水印信息的框架图

3.3.2 水印的嵌入算法

1.载体语音信号的分段处理

假设载体语音信号p含有N个采样数据，则原始载体语音信号p可以表示为

$$p=\{p(n)，0 \leqslant n < N\} \tag{3-4}$$

其中：$p(n)$为第n个的数据的幅度值。

将式（3-4）中p分解成两部分：与嵌入隐藏保密语音有关的部分p_e和无关的部分p_r，则有：

$$p=p_e+p_r \tag{3-5}$$

与嵌入秘密水印信息无关的部分p_r在嵌入秘密水印信息前后保持不变。将载体语音信号中与嵌入秘密水印信息有关的部分p_e分成M个音频段，每段含有L个数据，即

$$p_e=\{p_e(k)，0 \leqslant k < M\} \tag{3-6}$$

其中：$p_e(k)$为第k个音频数据段。

为了叙述方便，假定这些音频数据段是连续的，并且对数据段的划分是从第1个采样数据开始，则载体语音的第 k 个音频数据段可以表示为

$$p_e(k) = \{p(kL+i), \ 0 \leq k < M, \ 0 \leq i < L\} \tag{3-7}$$

2.离散余弦变换

对每段进行离散余弦变换，设第 k 段的离散余弦变换结果为 $D_e(k)$，则有：

$$D_e(k) = \{DCT(p_e(k)), \ 0 \leq k < M\} \tag{3-8}$$

其中：$D_e(k) = \{d_e(k)(i), \ 0 \leq i < L\}$，$d_e(k)(i)$ 表示第 k 个音频段的第 i 个DCT系数。

3.用量化的方法嵌入保密语音信息

假设第 k 个音频数据段的DCT系数和隐藏序列 w（0或1）的第 k 个元素为 $d_e(k)(t)$ 和 $w(k)$，量化处理结果为 $d_e'(k)(t)$，则：

当 $i = t$ 时，按照图2-6所示方法嵌入秘密水印信息；

当 $i \neq t$ 时，

$$d_e'(k)(t) = d_e(k)(t) \tag{3-9}$$

因此，只需用量化处理的方法修改每段第 t 个点的DCT系数，其他点的DCT系数一律不变。根据嵌入前的DCT系数、秘密信息序列 w 和量化步长 Δ 的值即可求出量化后DCT系数的值。

由于每段的数据为 L 个，因此其离散余弦变换结果中也含有 L 个DCT系数，其中第0个DCT系数为直流分量，其他的 $L-1$ 个DCT系数是由低频到高频的交流分量。在实际应用中，为了提高嵌入信息的鲁棒性，通常把秘密水印信息嵌入在中低频系数上。这是因为一般的信号处理操作（如滤波、压缩、A/D、D/A变换）影响的是信号的高频部分，如果嵌入保密语音后的混合语音信息受到较大的影响，只要混合语音信息还有一定的可懂度，保密语音信息就能够提取出来。

4.含有秘密水印信息的混合语音的生成

对混合语音做分段离散余弦反变换，得到时域中含有秘密水印信息的混合语音信号，具体如式3-10所示：

$$p_e' = \text{IDCT}(D_e') = \{\text{IDCT}(D_e'(k)), 0 \leq k < M\} \tag{3-10}$$

其中：$D_e'(k)$ 为量化后的DCT系数。用 p_e' 代替 p_e，由式（3-5）可得含有秘密水印信息的混合语音信号 $p' = p_e' + p_r$。

3.3.3 水印的提取算法

设 p'' 是待检测的混合语音信号，则提取的过程如下：

1.混合语音的分段处理

对待检测的混合语音按式（3-5）、式（3-6）、式（3-7）作分段处理可得

$$p'' = p_e'' + p_r'' \tag{3-11}$$

其中：p'' 为待检测的混合语音信号，$p_e'' = p_e''(k) = p''(kL+i)$，$p_r'' = p''(n)$。式中 k，L，i，M，N 的含义与式（3-5）、式（3-6）、式（3-7）相同，且 $0 \leq k < M$，$0 \leq i < L$，$ML \leq n < N$。

2.对混合语音信号做离散余弦变换

对待检测的混合语音信号中含秘密水印信息的部分作离散余弦变换，则第 k 个音频数据段的离散余弦变换结果为

$$D_e''(k) = \{\text{DCT}(p_e''(k)), 0 \leq k < M\} \tag{3-12}$$

3.提秘密水印信息的二进制序列

在基于量化技术嵌入秘密水印信息的水印算法中，秘密水印信息是由 DCT 系数 $d_e''(k)(i)$（$0 \leq i < k$）到底属于 A 区间，还是属于 B 区间来表示的，因此，提取秘密水印信息的方法可以表示为

$$w'(k) = \begin{cases} 1 & [d_e''(k)(i) \in A] \\ 0 & [d_e''(k)(i) \in B] \end{cases} \tag{3-13}$$

其中：$0 \leq k < M$。

3.3.4 基本实验及结果

1.实验条件

保密语音为一段长 1.2s 的单声道语音，内容为"计算机"，采样频率 11.025kHz，16bits 量化；载体语音为长 22.674s 的单声道音乐样本，采样频率 43.1kHz，16bits 量化，载体语音的分段段长是 4，量化系数取 0.00004。

2.实验效果

在无攻击的情况下，原始载体语音、嵌入秘密水印信息后的混合语音的波形分别如图 3-15 的（a）、（b）所示；原始保密语音及提取出来的保密语音的波形图分别如图 3-16 的（a）、（b）所示。从图中可以看出，本算法能很好地恢复出保密语音，同时声音试听的效果也显示嵌入秘密水印信息后的混合语音与原始载体语音的差别几乎无法感知，不易引起攻击者的怀疑，因而能够达到隐藏秘密水

印信息"透明"的要求。

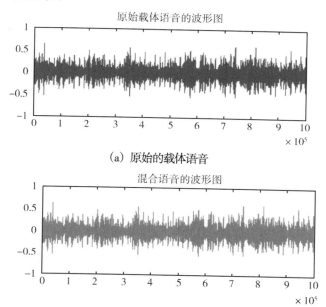

（a）原始的载体语音

（b）嵌入秘密水印信息后的混合语音（量化步长等于0.0004）

图3-15　嵌入秘密水印信息前后载体语音的波形比较图

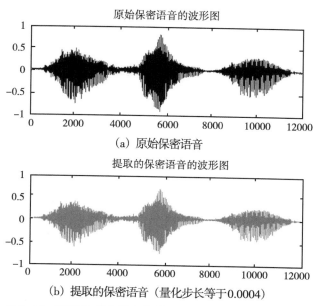

（a）原始保密语音

（b）提取的保密语音（量化步长等于0.0004）

图3-16　原始的保密语音和提取的保密语音的波形比较图

3.3.5 量化步长对算法性能的影响

为了验证量化步长的大小对隐藏算法的影响，在上面的实验中，分别对量化步长取不同的值，得到的数据见表3-4。

表3-4 量化步长对算法性能的影响

编号	步长	混合语音		提取的保密语音		
		SNR	听觉效果	SNR	归一化系数	BER(%)
1	0.2	6.2244	很大的噪声	73.407	0.999460	0
2	0.1	11.385	明显的噪声	73.407	0.999460	0
3	0.05	17.106	明显的噪声	73.407	0.999460	0
4	0.01	31.013	轻微的噪声	73.407	0.999460	0
5	0.005	35.459	轻微的噪声	73.407	0.999460	0
6	0.001	50.974	好	73.407	0.999460	0
7	0.0002	63.952	好	73.407	0.999460	0
8	0.0001	71.069	好	73.407	0.999460	0
9	0.00005	77.114	好	73.407	0.999460	0
10	0.00004	78.666	好	73.407	0.999460	0
11	0.00003	79.747	好	10.75579	0.40337	13.5476
12	0.00002	79.923	好	0.6441	0.11289	32.3929

图3-17~图3-19分别显示了量化步长等于0.2、0.00003和0.00001时嵌入保密语音后的混合语音和提取出来的保密语音的波形图。从表3-4和图3-17~图3-19可以看出，量化噪声随着量化步长Δ的增大而增大。量化步长越大，嵌入保密语音之后的混合语音的波形图的失真就越大，即算法的隐蔽性就越差；相反，量化步长越小，提取出来的保密语音的波形图的失真就越严重，即算法的提取效果就越差，因此，算法的鲁棒性就越差。经过反复实验，发现当量化步长等于0.00004时，算法在恢复效果、不可感知性和鲁棒性方面均取得良好的效果。

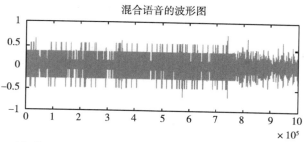

（a）嵌入秘密水印信息后的混合语音（量化步长等于0.2）

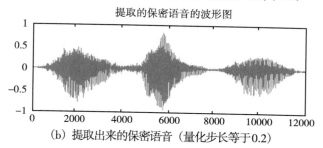

（b）提取出来的保密语音（量化步长等于0.2）

图3-17 量化步长等于0.2时的波形图

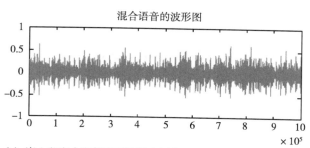

（a）嵌入秘密水印信息后的混合语音（量化步长等于0.00003）

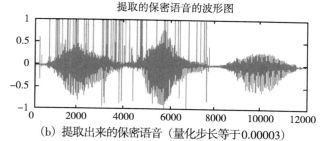

（b）提取出来的保密语音（量化步长等于0.00003）

图3-18 量化步长等于0.00003时的波形图

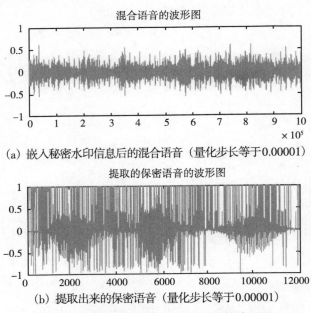

混合语音的波形图

（a）嵌入秘密水印信息后的混合语音（量化步长等于0.00001）

提取的保密语音的波形图

（b）提取出来的保密语音（量化步长等于0.00001）

图3-19　量化步长等于0.00001时的波形图

3.3.6 鲁棒性分析

1.低通滤波

将藏有保密语音的混合语音经过10kHz的低通滤波器，然后提取秘密水印信息。经过此次操作后，提取的保密语音的位错误率为0.24%。由此可见，经过10kHz低通滤波后该算法仍然保持了很高的恢复率，这是因为秘密水印信息嵌入在载体的中低频，滤除高频对中低频的影响很小。本算法甚至能抗击更低截止频率的低通滤波攻击。

2.加噪攻击

用噪声信号对秘密水印信息后的混合语音进行噪声攻击。如果 S 和 S' 分别表示攻击前后的混合音频信号，β 表示攻击强度，Z 为噪声信号，则加噪攻击可以表示为

$$S' = S + \beta \times Z \qquad (3-14)$$

其中：$Z = \mathrm{Rand}（0，1）$，它为0~1之间服从均匀分布的随机数的函数。该实验的结果见表3-5。

表3-5 攻击强度与提取效果之间的关系

攻击强度(β)	提取的保密语音	
	比特位错误率(%)	听觉效果
0.01	0.10	效果很好
0.02	0.42	效果很好
0.03	3.14	轻微噪声
0.04	10.65	较大噪声
0.05	20.56	明显噪声
0.06	29.74	明显噪声

由此可见，当逐渐加大噪声攻击时，提取的保密语音的位错误率随之增大，同时听觉效果也越来越差，当攻击强度等于0.04时，提取的保密语音的位错误率仍然保持在10%左右。图3-20和图3-21分别显示了当攻击强度为0.01和0.03时提取的保密语音的波形。由此可见，该算法具有很好的抗噪声能力。

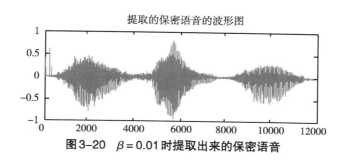

图3-20 $\beta = 0.01$时提取出来的保密语音

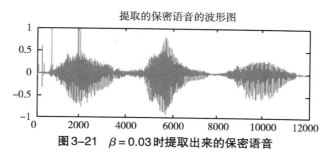

图3-21 $\beta = 0.03$时提取出来的保密语音

3.重采样

以较低的采样频率对混合语音信号进行采样，然后再以原采样频率进行上采样，根据采样定理可知，这样会损失相应的高频部分，在本次重新采样的实验中，使用的原始语音是一段采样频率为44100Hz、单声道、16bits量化、长度为22.674s单声道音乐样本，在隐藏保密语音信息之后，将其抽值变换为22050Hz的采样频率，然后再进行插值运算，变回44100Hz的采样频率。该算法经过此次操作之后的提取出来的保密语音的位错误率为23%，这说明该算法抗重采样攻击的能力较差。

4.重量化

先将隐藏保密语音之后的混合语音从16位量化成8位，再量化为16位，该算法经过此次操作之后的提取出来的保密语音的位错误率为0.117%。因此，该算法具有很强的抗重量化攻击的能力。

3.4 基于IMBE编码的DCT域水印算法

水印作为一门交叉性学科，应用非常广泛，相关的研究发展也十分迅速。音频水印技术的应用目前主要集中在两个方面[68]：一方面是通过嵌入水印对音频产品本身提供版权保护；另一方面是利用音频文件中的冗余空间作为秘密通道来进行隐蔽通信。由于采用水印技术后产生的信息是一段有实际意义的载体信息，而不像数据加密后产生的是一堆乱码信息，这就掩盖了秘密信息存在的事实。因此，它不会引起好事者的怀疑，从而成功躲过好事者的攻击[69]。

水印可分为基于空间域和变换域的隐藏方法。基于空间域的隐藏方法简单实用，但鲁棒性较差；基于变换域的隐藏方法具有较强的鲁棒性[70, 71]。本节将水印技术引入保密语音通信领域，研究如何将保密语音隐藏在公开语音中进行通信，该方法较传统的语音保密通信有重大的区别，下面将重点阐述算法细节。

3.4.1 水印算法框架

本书采用DCT变换对保密语音信息进行嵌入和提取，在嵌入前采用IMBE算法对其进行压缩编码，并进行混沌调制；然后对载体语音进行分段，并对每段做DCT变换，通过量化DCT系数来嵌入保密语音信息；最后对嵌入保密语音信息后的混合语音信号做分段IDCT变换，生成含有隐藏信息的混合语音（图3-22）。相应地，在接收端提取出保密语音信息后经混沌序列解调和IMBE解码恢复出保密语音（图3-23）。

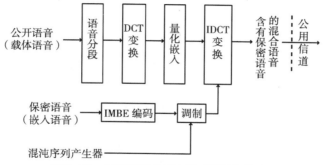

图3-22　保密语音的嵌入流程图(发送端)

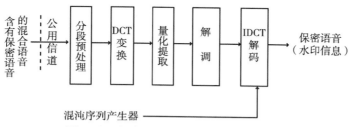

图3-23　保密语音的提取流程图(接收端)

3.4.2 保密语音与公开载体语音的预处理

1.保密语音的预处理

对保密语音进行压缩编码，目的在于提高算法的隐藏容量和信息传输的安全性。本书首先对保密语音采用改进型多带激励（IMBE）方法进行压缩编码。改进型多带激励算法是一种正弦编码，其性能直接取决于模型参数的表示准确程度。其中以谱幅度参数的表示最复杂，所占用的比特数最多。音频信号随时间变化缓慢，而且这种变换通常情况下是比较平稳的。一般情况下，当前的帧信号和当前帧的上一帧信号的统计特性非常相似，从而其谱幅度参数所对应的线性预测系数（LPC）也非常接近。因此采用自适应前后向量化（AFBQ）方法来编码谱幅度参数会大大降低传输速率，而IMBE算法将语音信号分成间隔20ms的语音帧，对每帧的谱幅度参数进行线性预测编码，从而能有效克服此问题。

IMBE压缩编码完成以后，再进行混沌加密。选择混沌序列的初始值x_0，并且通过式（3-15）、式（3-16）形成二值序列$H=[h(1),\ h(2),\ \cdots]$（$h(i)\in\{0,\ 1\}$）。

$$x_k + 1 = \mu x_k(1 - x_k) \qquad k = 0,\ 1,\ 2,\ \cdots \tag{3-15}$$

其中：$x_k \in (0,\ 1)$，$\mu \in [0,\ 4]$。当$\mu = 4$时，系统完全处于混沌状态。通过定

义阈值，x_k 量化为二值序列 h：

$$h\left(x_k\right)=\begin{cases}0 & \left(0\leqslant x_k<0.5\right)\\1 & \left(0.5\leqslant x_k\leqslant1\right)\end{cases} \tag{3-16}$$

保密语音编码后二进制序列为 $W=[w\left(1\right)，w\left(2\right)，\cdots]$（$w\left(i\right)\in\{0，1\}$）。将保密语音先按式（3-20）进行调制（式中 $\oplus$ 为异或运算符），得到对应的调制后的序列 SC。

$$SC\left(i\right)=h\left(i\right)\oplus w\left(i\right) \tag{3-17}$$

2.公开载体语音信号的分段处理

将公开载体语音信号 p 分成与嵌入隐藏信息有关和无关的两部分，分别表示为 p_e 和 p_r，并将 p_e 分成 M 段，每段含有 L 个数据，并用 $p_e\left(k\right)$ 表示第 k 个音频数据段，则有如下表达式：

$$p=p_e+p_r \quad 其中 p_e=\{p_e\left(k\right)，0\leqslant k<M\} \tag{3-18}$$

3.4.3 保密语音的嵌入算法

1.分别对每个音频段作离散余弦变换。

$$D_e\left(k\right)=\{DCT\left(p_e\left(k\right)\right)，0\leqslant k<M\} \tag{3-19}$$

其中：$D_e\left(k\right)=\{d_e\left(k\right)\left(i\right)\}$ 表示第 k 个音频段的 DCT 系数，$d_e\left(k\right)\left(i\right)$ 表示第 k 个音频数据段的第 i 个 DCT 系数。

2.在 DCT 域内确定嵌入隐藏信息的区域。

当 $i=t$ 时，按量化的方法嵌入隐藏信息（t 表示嵌入位置。）；

当 $i\neq t$ 时，$d_e{}'\left(k\right)\left(i\right)=d_e\left(k\right)\left(i\right)$。

其中：$d_e{}'\left(k\right)\left(i\right)$ 表示量化结果。因此只需要修改第 t 个点的 DCT 系数，其他点的 DCT 系数一律不变。

3.对混合语音信号做分段离散余弦反变换，生成含有隐藏信息的混合语音。

$$p_e{}'=IDCT\left(D_e{}'\right)=\{IDCT\left(D_e{}'\left(k\right)\right)，0\leqslant k<M\} \tag{3-20}$$

用 $p_e{}'$ 代替 p_e，由式（3-21）可得混合语音信号 $p'=p_e{}'+p_r$。

3.4.4 保密语音的提取算法

（1）对待检测的混合语音信号按式（3-18）做分段处理可得

$$p''=p_e{}''+p_r{}'' \tag{3-21}$$

其中：$p_e{}''+p_e{}''\left(k\right)$，$p_r{}''+p''\left(n\right)$。对混合语音中含隐藏信息的部分做 DCT

变换，则第k段的结果为

$$D_e''(k)=\{DCT(p_e''(k)),\ 0\le k< M\} \tag{3-22}$$

（2）提取隐藏信息的二进制序列，方法如下：

$$SC'(k)=\begin{cases} 1 & [d_e''(k)(i)\in A] \\ 0 & [d_e''(k)(i)\in B] \end{cases} \tag{3-23}$$

其中：$SC'(k)$ 和 $d_e''(k)(i)$ 分别表示提取出来的二进制数和DCT系数。

（3）将提取出来的信息 $SC'(i)$ 用混沌序列进行解调，然后进行IMBE解码即可恢复出保密语音。

$$w'(i)=h(i)\oplus SC'(i)\ 0\le i\le M \tag{3-24}$$

由此可见，本算法在提取隐藏信息时并不需要原始语音，因此，它是一种盲提取算法。

3.4.5 水印的嵌入与提取实验

保密语音的内容为"数字水印与信息安全技术研究"，采样频率为8kHz，8bits量化；原始公开语音（载体语音）为长单声道音乐，采样频率44.1kHz，16bits量化，图3-24和图3-25显示了实验结果。

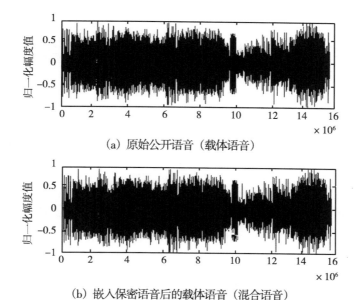

（a）原始公开语音（载体语音）

（b）嵌入保密语音后的载体语音（混合语音）

图3-24 嵌入保密语音前后载体语音的波形比较图

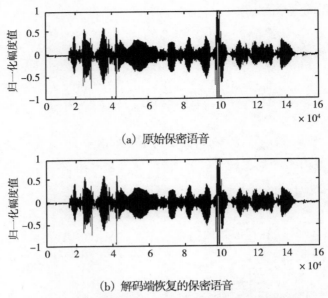

(a) 原始保密语音

(b) 解码端恢复的保密语音

图3-25　原始保密语音和提取的保密语音的波形比较图

从图3-24、图3-25可以看出，本算法能很好地恢复出保密语音。通过试听，嵌入隐藏信息后的混合语音与原始公开语音几乎没有什么差别，因而达到了隐藏信息"透明"的要求。此外，还分别实验了量化步长Δ等于0.001、0.002、0.005的3组数据。盲听觉测试的结果表明：当量化步长Δ分别为0.001、0.002、0.005时，嵌入隐藏信息后的混合语音与原始语音信号听觉感知上无明显差别。

3.4.6 水印的攻击实验

为了检测算法的性能，对嵌入保密语音信号后的混合语音信号分别进行了重新采样、低通滤波、MP3压缩和回声干扰等模拟攻击，对模拟攻击后的保密语音信号进行了提取。各种模拟攻击的参数如（表3-6）。

（1）重新采样：对信号进行一次插值和一次抽取处理，插值和抽取的倍数为3。

（2）低通滤波：采用阶数为6，截止频率为2.5kHz的巴特沃兹低通滤波器进行低通滤波。

（3）MP3压缩：将混合语音进行MP3音频压缩，压缩至128kb/s。

（4）回声干扰：引入30ms的回声干扰。

表3-6 算法鲁棒性测试结果

攻击方式	提取的秘密语音		混合语音的SNR
	SNR	BER	
重新采样	19.6201	0.052%	38.0832
低通滤波	19.6828	0.105%	38.0304
MP3压缩	19.0546	1.216%	37.059
回声干扰	15.3071	7.012%	35.977

实验结果表明：

（1）本算法对于重新采样、低通滤波和MP3压缩等攻击的鲁棒性较好。恢复的编码序列位错误率和没有进行攻击时相近，听觉质量良好，同时，隐藏秘密语音后的混合语音的听觉质量良好。

（2）回声干扰对于秘密语音的恢复有一定的影响。回声延时如果取的时间过长的话，算法将不能抵抗其攻击。如表3-6所示，在此攻击下，恢复语音的位错误率较高，隐藏语音听觉质量下降明显，容易引起攻击者的怀疑。但当回声延时较短的时候，隐藏音频的信噪比降低，变化不明显，不容易引起攻击者的怀疑。

3.4.7 结论

水印为保密通信提供了一种崭新的方法[72]，本节提出了一种基于DCT变换的音频水印算法。该算法将保密语音进行IBME压缩、对明文音频载体进行DCT变换。隐藏信息通过量化处理嵌入到DCT域的中频点。由于在嵌入的算法中使用了量化处理过程，这使得在提取隐藏信息时不需要原始的载体语音，这将大大减少网络传输的数据量，从而为语音保密通信提供了一种好的途径。

从实验结果可知，该算法在隐藏信息后，信道中传输的公开语音具有透明性，并且在受到重采样、压缩和滤波等攻击时具有较高的鲁棒性，这极大地提高了保密语音通信系统的安全系数。

第4章 基于DWT变换的水印算法

4.1 小波分析

小波分析是近来兴起的一门学科，它的发展十分迅速，小波函数及小波变换近乎完美的数学特性使得它日益受到系统科学家和工程人员的青睐。语音信号的特性是其高频分量持续的时间短，这要求算法对高频分量具有较高的时间分辨率；而低频分量持续时间长，允许较低的采样频率，这就要求算法对低频分量具有较高的频率分辨率。小波变换正具有这一特性，它能把信号变换到时域空间，可以随信号频率成分的不同而调整时域取样步长，从而可聚焦到信号的任意细节，兼备良好的时域或频域分辨率，特别适合处理时变信号。另外，小波变换还具有计算量小，便于软件实现的特点[85, 86]。设音频样本的长为 N，小波滤波器的长度为 L，那么，DCT 和 FFT 的计算量为 $O(N{\times}\log_2 N)$，而小波变换的计算复杂度为 $O(L{\times}N)$。因此，小波变换是一种很好的对时变信号进行时频分析的工具[87]。

小波分析以其时频联合局部性和多分辨分析性能等优势正深刻改变着工程技术领域的一些传统研究和分析方法，图像处理技术等学科同样也深受其影响。小波理论从诞生的那天起就注定它是一门应用性很强的学科，目前在模式识别、信号分析、数值计算、图像处理、化学分析、计算机视觉、理论物理、地震的勘探与处理、量子力学、语音分析结合、目标跟踪、机械故障诊断、系统辨识、自动控制、函数逼近、控制理论、航空航天等领域的应用都十分广泛。

与其他变换相比，小波变换是一个时间和频率的局域变换，因而能有效地从信号中提取信息，通过伸缩和平移等运算功能对函数或信号进行多尺度细化分析，这就解决了其他变换无法解决的许多问题。具体说来，小波变换具有以下7个优势：

（1）小波变换能满足能量守恒方程，它能够将信号分解成对频率和空间信息，同时又不丢失原始信号所包含的所有信息。

（2）小波变换具有多分辨多尺度分析功能。

傅里叶变换的基础函数是正弦函数，而小波变换基于一些小型波，称为"小波"，它具有变化的频率和有限的持续时间。这就允许它们对图像提供一张等效的乐谱，不光阐明了要演奏的音符（频率），而且阐明了要何时演奏。相对而言，传统傅里叶变换只提供了音符或者频率信息，局部信息在变换过程中丢失了。

小波分析是多分辨率理论的分析基础。而多分辨率理论与多种分辨率下的信号表示和分析有关，其优势很明显：某种分辨率下无法发现的特性在另一个分辨率下将很容易被发现。从多分辨率的角度来审视小波变换，虽然解释小波变换的方式有很多，但这种方式能简化数学和物理的解释过程。

基于多分辨分析理论的正交小波和正交尺度函数相互为正交补，能将信号分解成不同频带上的分量，也就是说它能细致划分频带，从而更好地反映人类对控制对象的频率设计或辨识要求。当观察图像时，通常看到的是相连接的纹理与灰度级相似的区域，它们相互结合形成物体。

为什么需要多分辨率分析呢？这是因为：如果物体的尺寸很小或者对比度不高，这就需要高分辨率分析才能满足需求；如果物体的尺寸很大或者对比度很高，这时只需要低分辨率分析就可满足需求。通常情况下，物体的尺寸有大有小，其对比度也有高有低，这些情况是同时存在的，所以需要多分辨率分析。

图像的金字塔结构是解释图像多分辨率的简单有效的方法。图像金字塔最初用于机器视觉和图像压缩，一幅图像的金字塔是一系列以金字塔形状排列的分辨率逐步降低的图像集合。金字塔的底部是需要待处理图像的高分辨率表示，顶部是低分辨率近似，当向金字塔的上层移动时，尺寸和分辨率就降低。图像的金字塔结构如图4-1所示。

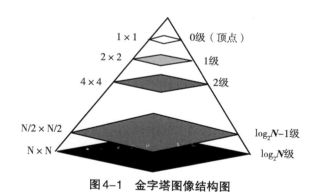

图4-1 金字塔图像结构图

另外一个与多分辨率分析有关的图像处理手段是哈尔（Haar）变换。它的重要性体现在它的基函数是众所周知的、最古老也是最简单的正交小波。

除此之外，与多分辨率分析相关的重要图像技术就是子带编码。在子带编码中，一幅图像被分解成一系列限带分量的集合，称为子带，他们可以重组在一起，从而无失真地重建原始图像。最初是为语音和图像压缩而研制的，子带可以进行无信息损失的抽样。原始图像的重建可以通过内插、滤波、叠加单个子带来完成。

这些图像处理技术，它们在数学理论多分辨率分析（Multi Resolution Analysis，MRA）中扮演了重要角色。在 MRA 中，尺度函数被用于建立某一函数或图像的一系列近似值，相邻两个近似值之间的近似度相差 2 倍，被称为小波的附加函数，用于对相邻近似值之间的差异进行编码。

（3）利用二维离散正交小波变换，将原图像中独立的频带与不同的空间方向上进行分解，便于利用人眼视觉系统在响应频带与空间方向选择上敏感性的不同。

（4）在时域和频域具有联合局部分析功能。

传统的傅里叶变换必须对信号进行全时域的分析，无法突出信号在局部时域的特征，而小波函数由于固有的紧支撑性和尺度伸缩变换的自适应窗口，能对信号进行时频联合局部分析。

（5）小波变换具有"变焦"特性。

在分析高频分量时，就需要用到低频率分辨率和高时间分辨率。此时，尺度减小，时窗变窄，中心频率增加。当分析低频分量时，就需要用到高频率分辨率和低时间分辨率。此时，尺度增大，时窗变宽，中心频率减小，因而适于信号的局部分析。

（6）小波分析是一种良好的非线性系统局部逼近基。

基于框架理论的离散小波函数族在满足一定条件下，可作为小波函数的逼近基，甚至是正交基。正交小波基可以无冗余地获得信号中的局部信息，也就是说可通过基函数系数重构原信号，数学意义清晰，逼近误差有明确的上界；而非正交小波基对非线性函数的冗余表示，也能完全刻画原函数，并重构之。其优点是数值计算稳定，且有显式的解析表达式，适用于高维非线性函数逼近。

（7）小波函数具有多样性。

为解决某类问题，人们提出了许多有针对性的小波函数，如 Daubechies 类小波、墨西哥草帽小波、样条小波、Meyer 小波等，且对传统小波函数的各种改进也在不断出现。

与标准傅里叶变换相比，小波分析中用到的小波函数没有唯一性，小波函数具有多样性。由此而带来的问题是使用不同的小波基分析同一个问题会产生不同的结果，没有一个选择最优小波基的方法。

目前，主要是通过使用小波分析的方法处理信号的结果与理论分析结果的误差来判定小波基的好坏，并由此选择小波基。

简而言之，小波分析具有放大、缩小和平移等功能，通过检查不同放大倍数下的变化来研究信号的动态特性，是一个数学显微镜。

4.1.1 连续小波变换

连续小波变换（Continuous Wavelet Transform，CWT）主要应用于理论分析，也称为积分小波变换，其定义为

假设 $f(t)$ 为 $(-\infty,+\infty)$ 上的能量有限信号，则：

$$W_f(\alpha,b)=\frac{1}{\sqrt{a}}\int_{-\infty}^{+\infty}f(t)\psi\left(\frac{t-b}{a}\right)\mathrm{d}t \quad (a\neq0) \tag{4-1}$$

为 $f(t)$ 的小波变换，而函数 $\psi(t)$ 称为母小波，它的基本特征为 $\int_{-\infty}^{+\infty}\psi(t)\mathrm{d}t=0$。另外，通常还假设母小波满足如下标准化条件：$\int_{-\infty}^{+\infty}\psi(t)^2\mathrm{d}t=1$；$\int_{-\infty}^{+\infty}t\times\psi(t)^2\mathrm{d}t=0$；第一个条件说明 $\psi(t)$ 是一个能量为1的函数，这样可使信号 $f(t)$ 经小波变换后，总体上保持能量不变；第二个条件说明函数 $\psi(t)$ 的能量集中在以原点为中心的一个区间内。从而 $\psi[(t-b)/a]$ 的能量集中在以 b 为中心的一个区间内。当函数 $\psi(t)$ 满足条件 $C_\psi=\int_{-\infty}^{+\infty}[\psi(t)^2/w]\mathrm{d}w<\infty$ 时，与小波变换式（4-1）相对应的还有如下逆变换公式：

$$f(t)=C_\psi^1\int_{-\infty}^{+\infty}\int_{-\infty}^{+\infty}\frac{1}{a^2}w_f(a,b)\psi_{a,b}(t)\mathrm{d}a\mathrm{d}b \tag{4-2}$$

其中：$\psi_{a,b}(t)=\frac{1}{\sqrt{a}}\psi[(t-b)/a]$。当 a,b 在 $(-\infty,+\infty)$ 上连续取值时，式（4-1）成为连续小波变换；由于连续小波变换的冗余性较大，在实际应用中需要将其参数离散化，当 a,b 在 $(-\infty,+\infty)$ 上离散取值时，则称它为离散小波变换，特别地，当取 2^{-i}，$n\times2^{-i}$ 时，称为二进制小波变换[88]。

连续小波是一种线性变换，可进行尺度转换。在上面的公式中，引入了尺度参数，用来标示基本小波的伸缩变化，其中 a 是连续尺度参数，b 是连续平移参数。

a 越小，$\psi\left(\frac{t}{a}\right)$ 就越窄，反过来，a 越大，$\psi\left(\frac{t}{a}\right)$ 就越宽。其中 a,b 为实数，且 a 不等于0，$\psi(t)$ 就是基本小波。

小波中的"小"是指绝对可积，"波"的含义是具有波动性，并且它的平均值为0。

由于图像信号是二维信号，因此，一维小波变换的方法并不能完全适用于图像处理，所以，引入了二维小波变换，其原理是在一维小波变换的基础上增加了一个变量，使其具有方向性。二维小波变换具有旋转能力，不仅具有放大能力，而且还有"极化"性质。

4.1.2 离散小波变换

因为连续小波变换是取连续的值进行变换，所以它的计算量很大。为了解决这个问题，可以对它进行离散化。由于它不是连续取值，所以其计算量会大幅减小，在计算机上实现起来也更容易一些。但时间变量是无法进行离散化的，所以只能是针对小波变换的连续尺度参数 a 和连续平移参数 b 的离散化，而不是像连续小波变换那样取连续值。

定义4.1：满足条件

$$c_\psi = \int_{-\infty}^{\infty} \left| \hat{\psi}(\omega) \right|^2 |\omega|^{-1} \mathrm{d}\omega < -\infty \qquad (4-3)$$

的平方积函数 $\psi(t)$ [注：$\psi(t) \in L^2(-\infty, +\infty)$] 为基本小波或小波母函数，并称式（4-3）为小波函数的可溶性条件，其中 $\hat{\psi}(\omega)$ 为 $\psi(t)$ 的傅里叶变换。

定义4.2：假设

$$\psi_{a,b}(t) = \frac{1}{\sqrt{|a|}} \psi\left(\frac{t-b}{a}\right) \qquad (4-4)$$

其中：a，b 为实数，且 $a \neq 0$ 为由母函数 ψ 生成的依赖于参数 a，b 的连续小波。则定义其小波变换为

$$W_f(a, b) = <f, \psi_{ab}> = \frac{1}{\sqrt{|a|}} \int_{-\infty}^{\infty} f(t) \overline{\psi\left(\frac{t-b}{a}\right)} \mathrm{d}t \qquad (4-5)$$

定理4.1 令 ψ 是一个基小波，它定义了一个连续小波变换 $W_f(a, b)$ 那么

$$\frac{1}{C_\psi} \int_{-\infty}^{\infty} \int_{-\infty}^{\infty} \left[W_f(a, b) \overline{W_g(a, b)}\right] \frac{\mathrm{d}a}{a^2} \mathrm{d}b = C_\psi <f, g> \qquad (4-6)$$

对于所有的 f，$g \in L^2(R)$ 成立且对于任何 f，$\in L^2(R)$ 和 f 的连续点 $t \in R$，有：

$$f(t) = \frac{1}{C_\psi} \int_{-\infty}^{\infty} \int_{-\infty}^{\infty} \left[W_f(a, b)\right] \psi_{a,b}(t) \frac{\mathrm{d}a}{a^2} \mathrm{d}b \qquad (4-7)$$

在计算机上实现时，连续小波必须加以离散化。因此，有必要讨论连续小波 $\psi_{a,b}(t)$ 和连续小波变换 $W_f(a, b)$ 的离散化。

取定 $a = a_0^{-m}$，$b = n a_0^{-m} b_0$ 且满足 $a_0 > 1$，$b_0 > 0$，所以对应的离散小波函数 $\psi_{m,n}(t)$

即可写作

$$\psi_{m,n}(t) = a_0^2 \psi(a_0^m t - nb_0),\ m,\ n \in z \qquad (4-8)$$

这里 Z 表示全体整数所构成的集合。对于 $f(t) \in L^2(R)$，相应的离散小波变换为

$$C_f(m,\ n) = <f(t),\ \psi_{m,n}(t)> = \int_{-\infty}^{\infty} f(t)\overline{\psi_{m,n}(t)}\mathrm{d}t,\ m,\ n \in Z \qquad (4-9)$$

其重构公式为

$$f(t) = \sum_{m,\ n \in z} C_f(m,\ n)\psi_{m,n}(t) \qquad (4-10)$$

上面是对连续尺度参数 a 和连续平移参数 b 进行离散变换的要求，为了使小波变换具有可变换的时间和频率分辨率，适应待分析信号的非平稳性，我们很自然地需要改变 a 和 b 的大小以使小波变换具有"变焦"的功能，换言之，在实际中是采用的动态的采样网格。

4.1.3 图像的小波分解

一幅图像在经过离散小波变换（DWT）以后，就会被分解成4个大小相等的子图，分别为：水平方向、垂直方向的中高频细节子图和对角线方向的低频逼近子图。其中每个子图经过间隔抽样滤波得到。后继分解时，逼近子图以完全相同的方式再分解成在下一级分辨率下更小的子图。以此类推分解，图像就被分解成不同分辨率级和不同方向上的多个子图，这与人眼视觉特性相符合。

小波变换经多分辨率分解后将二维图像信号分解为具有不同空间分辨率和特性的子图像信号。根据 S. Mallat 的塔式分解算法，二维小波变换将原始图像经过一级离散小波变换后，可以将图像分成四个子图，低频（LL）、水平方向（HL）、垂直方向（LH）、对角线方向（HH），其中，LH（V）、HL（H）、HH（D）为高频子图，主要体现了图像中边缘、轮廓和纹理等细节信息，在 HH、HL 和 LH 细节子图中一些成簇的较大值的小波系数上表现的是图像的纹理、边缘等信息，嵌入水印信息时我们可以通过修改这些细节子图上的某些小波系数来完成。LL（L）是低频子图，保持了原图像的概貌和空间特性，大部分能量也集中在

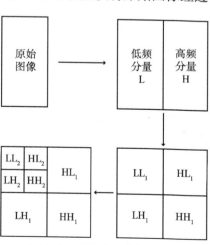

图 4-2　图像小波分解示意图

此，主要体现了原图像的近似分量信息。由于图像可以看作是行和列组成的二维信号，因此，图像的小波分解就要对行和列分别进行。图像的多层小波分解如图4-2所示，L表示低频，H表示高频，下标1、2表示一级或二级小波分解。

　　为了更直观地说明小波分解图像的情况，采用一幅彩色图像对其进行小波分解就能很明显看出各个子图像的分解状态。图4-3是一幅512×512的24位真彩色Lena图像，图4-4是利用Matlab小波分析工具箱对Lena图像进行三级哈尔小波分解后的子图像。从图4-4中可以看出，三级小波分解后生成了10幅子图像，低频子图和原始图像很近似，其他的中高频子图则是一些轮廓和边缘信息。

图4-3　小波变换前的图像图

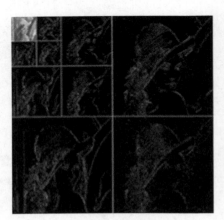

4-4　三级小波变换后的子图像

4.1.4 小波系数分析

　　所谓小波系数，也称小波分解系数，是小波分解中常见的特征值。其实质是对其中的显著系数的位置和幅度进行有效地组织和编码，以最节省比特的方式表示这些信息。由于图像编码技术以有损压缩编码为主，因此，将优先的编码比特用于显著的系数与辩证法中重点论的观点是一致的。

　　图像经过小波变换和量化后，由于正交变换的作用，能量分布主要集中在某些小波系数上，这使得这些系数的幅值比较大，具有较大的能量，称为显著系数。Said指出显著系数对于编码图像的信噪比起到了关键作用。

　　显著系数编码需要有两个要素：位置和幅度（包含系数的+，-符号）。所有的小波系数编码，都是围绕着这两个要素的确定进行的。针对显著系数的"位置"信息，主要有利用零树预测的嵌入式零树编码（Embedded Zerotree Wavelets，EZW）算法和多级树集合分裂（Set Partitioning In Hierarchical Tree，SPI-

HT）算法，以及直接定位的结合数学形态学的小波形态数据表征（MRWD）算法等。对于"幅度"信息编码有EZW和SPIHT等算法所使用的渐进性的幅度编码方法和MIRWD算法所使用的直接幅度编码方法等。

通常可以用空间位置信息、低频信息、边缘信息、纹理信息、噪声等五个特征来描述一幅灰度图像[89]。小波系数就是在对图像进行小波变换后，用来表示这些特征的值。通过对小波系数的分析，可以用数值表示上述特征。

文献研究表明，小波变换的细节分量的统计分布的特点是它具有非常强烈的非高斯特性[90]。通过分析小波系数，可发现如下特点。

（1）低频系数的特点。

经过小波变换以后，图像的绝大部分能量都聚集在LL子带。但是无论从主观的图像质量，还是从客观的PSNR来看，仅利用LL子带系数实现压缩编码是远远不够的。这是因为LL子带只含有原始的低频成分，随着分解层数增加，分辨率会随之降低。而与图像的识别和理解具有密切关系的边缘和纹理信息都分布在小波系数的高频子带中。

如果只利用低频子带的系数去重建图像，所恢复的图像质量并不理想。因此，在对图像进行编码重构时，不能只利用LL子带的系数，还要考虑高频信息的显著系数，这些系数成簇分布，集中了图像的纹理和边缘信息，对图像的重构也起到一定的作用。

（2）高频系数的特点。

数字图像在经过小波分级后高频子带的能量和系数也具有明显的特点，主要表现如下。

特点一：高频子带的能量集中分布。

对于小波高频子带系数，其主要能量集中在少数的显著系数上。这是因为小波具有时频分析能力，能够将能量聚集在对应于图像奇异信号的边缘和纹理的附近。

特点二：显著系数的成簇分布。

高频子带中的显著系数的分布规律并不是随机的，它呈现出成簇分布的特点。这是因为小波的基函数使得小波变换具有时频分析的能力，对信号的突变很敏感，并能对这些奇异的突变点进行准确定位。这种成簇分布的特点表现为，对应于奇异点位置附近的高频小波变换系数的幅度较大；离开奇异点以后，小波系数衰减很快；在平坦区，小波系数的幅度很小。

图像的边缘和纹理都属于具有突变性的瞬态奇异信号，因此，对应于这些位置附近的高频小波系数的幅度就比较大，表现为高频显著系数。由于这些显著系数聚集在边缘和纹理附近，所以，就出现了成簇分布，而不是随机分布的特点。

特点三：同方向高频显著簇的位置相关性。

在同一方向，不同的高频子带之间，显著簇的空间位置分布具有一定的相关性。

特点四：高频子带的能量渐衰。

随着分辨率的增大，水平、垂直和对角线方向的高频子带能量均呈现出逐渐衰减的趋势。

4.2 基于DWT变换的量化水印算法

嵌入音频水印过程中需要保持很高的安全性，同时要求嵌入音频水印后能够较好地恢复原始音频信号的原有特性，并有较好的不可感知性。针对以上问题，本书提出：先对秘密水印信息进行混沌加密，从而实现秘密水印信息的隐藏性能。然后采用离散小波变换，将水印信号自适应地嵌入到载体音频的近似分量中，从而分散对音频信号的影响，提高算法抵御常规攻击的能力。盲水印是音频水印的难点，也是一种趋势。本书提出的音频水印提取算法，完全不需要原始载体音频信号的参与，是一种典型的盲水印算法。

4.2.1 秘密水印信息的嵌入算法

选择适当的小波基对载体语音S进行4级小波分解，得到不同分辨率下的近似分量CA4和细节分量CD1、CD2、CD3、CD4，其原理图4-5所示。

步骤1：秘密水印信息的加密。

采用混沌序列对充当秘密水印信息的音频文件进行加密运算，从而增加攻击者破获的难度，为算法的安全性增加了双保险。

步骤2：将各个分量在E中以此排队，得到：

$$E=CA4 \oplus CD4 \oplus CD3 \oplus CD2 \oplus CD1$$

其中：$\oplus$表示两个空间的正交和。

步骤3：量化嵌入。

由于近似系数对应于信号的低频分量，细节系数对应信号的高频分量。因此，在细节系数（高频分量）中嵌入秘密信息有利于保证隐蔽性，而在近似系数（低频系数）中有利于提高鲁棒性。在本算法中选择在系数的低频部分（CA4），按照图4-6所示的量化嵌入的方法，将秘密水印信息嵌入到载体音频中，得到隐藏保密语音信息后的系数 $CA'4$ 。

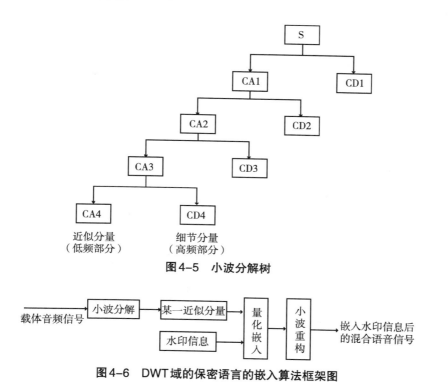

图4-5 小波分解树

图4-6 DWT域的保密语言的嵌入算法框架图

步骤4：含有秘密水印信息的音频信号的生成。

利用嵌入信息后的中低频系数及其他没有嵌入秘密水印信息的系数做小波重构，得到时域中的音频信号 S'，即：$S' = \text{IDWT}(E')$，算法的整个重构过程如图4-7所示。

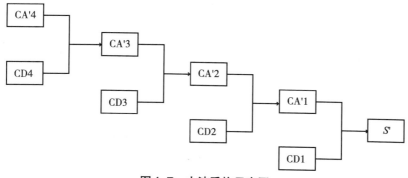

图4-7 小波重构示意图

4.2.2 水印信息的提取算法

由于在水印过程中使用了量化的方法，因此信息提取时不需要原始音频信号的参与，属于盲提取算法。其提取过程如下：

设 S' 是待检测的混合语音信号，选取与嵌入时相同的小波基对 S' 做4级离散小波分解，得到分解后的近似系数 $CA'4$。根据信息嵌入时的量化方案，提取秘密水印信息序列 $v(k)$，即

$$v(k)=\begin{cases}1 & [CA'4(k)\in A]\\0 & [CA'4(k)\in B]\end{cases}\qquad(4-11)$$

提取算法的框架图如图4-8所示。

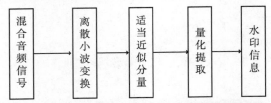

图4-8　DWT域的秘密水印信息提取算法框架图

4.2.3 嵌入与提取的仿真结果

1.实验条件

保密语音为一段长1.2s的语音，内容为"计算机"，采样频率11.025kHz，16bits量化；载体语音为长22.674s的单声道音乐样本，采样频率44.1kHz，16bits量化。段长 = 4，量化步长 Δ 等于0.0002，小波基选"db1"。

2.实验效果

在第4层的近似分量里隐藏保密语音信息，原始载体音频信号的波形如图4-9（a）所示，隐藏保密语音后的混合音频信号的波形如图4-9（b）所示。从图4-9中可以看出，这两个图基本一致，没有出现明显的变化。同时，声音的试听效果也显示，保密语音的不可感知性较好，由此可见，算法具有较好的隐密性。

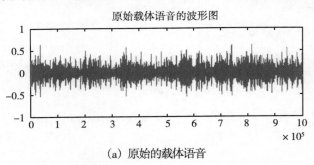

（a）原始的载体语音

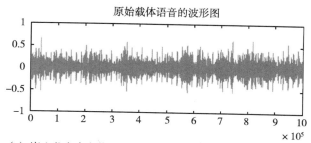

（b）嵌入秘密水印信息后的混合语音（量化步长等于0.0002）

图4-9 嵌入秘密水印信息前后载体语音的波形比较图

原始保密语音和提取出来的保密语音的波形图分别如图4-10（a）、（b）所示，可见，该算法能够达到良好的提取效果。试听的效果也显示，提取出来的保密语音和原始的保密语音基本上没有区别。

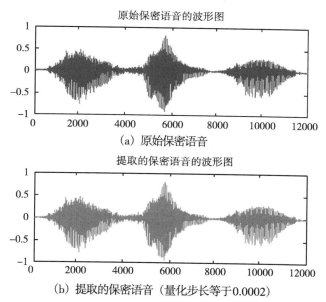

（a）原始保密语音

（b）提取的保密语音（量化步长等于0.0002）

图4-10 原始的保密语音和提取的保密语音的波形图

4.2.4 算法的抗攻击实验

1.低通滤波

和前面一样，将藏有保密语音的混合语音经过10kHz的低通滤波器，然后用得到滤波后的语音进行提取，此时，提取出来的保密语音的位错误率为0.17%，这比通过DCT域水印算法的要小。因此，对于低通滤波，该算法比DCT域的水印算法具有更好的抗攻击能力。

2.加噪攻击

用前面提到的噪声信号对该算法做加噪攻击，载体语音、保密语音和基本实验中的一样，表4-1是该算法中提取的保密语音的位错误率和听觉效果随攻击强度 β 变化而变化的数据。

表4-1　攻击强度与提取效果之间的关系

攻击强度(β)	提取的保密语音	
	位错误率(%)	听觉效果
0.01	0.96	效果较好
0.02	1.37	较轻微噪声
0.03	3.71	轻微噪声
0.04	11.13	较大噪声
0.05	24.45	明显噪声
0.06	36.22	明显噪声

由此可见，和DCT域的水印算法一样，当逐渐加大噪声攻击时，信息提取的错误率也随之提高，当攻击强度等于0.04时，提取的保密语音的位错误率仍然保持在11.13%。

图4-11，4-12分别显示了当攻击强度为0.01和0.03时提取的保密语音的波形图，可以看出，该算法也具有一定的抗噪声能力。同时，从表4-1中的数据也可以看出，该算法的抗噪声干扰的能力比基于DCT域的水印算法抗噪声干扰的能力要差一些。

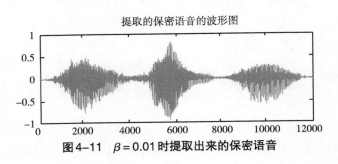

图4-11　$\beta=0.01$ 时提取出来的保密语音

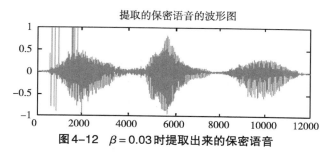

图4-12 $\beta = 0.03$ 时提取出来的保密语音

3.重采样

和上文一样，首先将隐藏有保密语音的混合语音抽值变换为 22050Hz 的采样频率，然后再进行插值运算，再变回 44100Hz 的采样频率。该算法经过此次操作后提取出来的保密语音的位错误率为 20.5%，说明该算法抗重采样攻击的能力较差，但比DCT域的稍强。

4.重量化

先将隐藏保密语音之后的混合语音从 16 位量化成 8 位，再量化为 16 位，该算法经过此次操作后提取出来的保密语音的位错误率为 0.054%。因此，对于重量化攻击，该算法具有很强的抗攻击能力。

4.2.5 量化步长对算法性能的影响

为了验证量化步长对该算法性能的影响，在上面基本实验的基础上，分别对量化步长取不同的值，得到的数据见表4-2。其中，量化步长为 0.2、0.00003 和 0.00001 时，嵌入保密语音后的混合语音和提取出来的保密语音的波形图分别如图4-13、4-14 和 4-15 所示。

结果显示，当量化步长等于 0.2 时，隐藏保密语音后的混合语音信息的信噪比达到最大，提取的保密语音的位错误率最小。从听觉效果上看，此时无论是隐藏保密语音后的混合语音信息，还是新提取的保密语音，它的效果都是最好的。算法在恢复效果、不可感知性和鲁棒性方面均取得良好的效果，如图4-13 所示。

表4-2 量化步长对算法性能的影响

编号	量化步长	混合语音		提取的保密语音		
		SNR	听觉效果	SNR	归一化系数	BER(%)
1	0.2	6.6931	很大的噪声	73.407	0.999640	0
2	0.1	11.798	明显的噪声	73.407	0.999640	0
3	0.05	17.379	明显的噪声	73.407	0.999640	0

编号	量化步长	混合语音		提取的保密语音		
		SNR	听觉效果	SNR	归一化系数	BER(%)
4	0.01	31.04	轻微的噪声	73.407	0.999640	0
5	0.005	37.008	轻微的噪声	73.407	0.999640	0
6	0.001	51.057	好	73.407	0.999640	0
7	0.0002	65.013	好	73.407	0.999640	0
8	0.0001	70.684	好	13.513	0.977833	0.0076
9	0.00003	72.604	好	10.01464	0.50209	17.0572
10	0.00002	74.352	好	0.30239	0.10209	33.3944
11	0.00001	Inf	好	−0.12997	−0.034663	67.7038

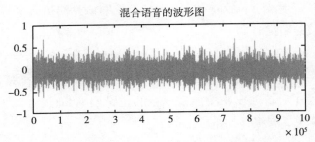

（a）嵌入秘密水印信息后的混合语音（量化步长等于0.2）

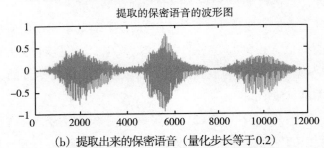

（b）提取出来的保密语音（量化步长等于0.2）

图4-13　量化步长等于0.2时的波形图

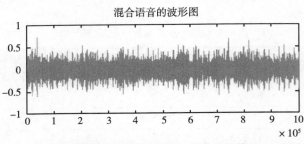

（a）嵌入秘密水印信息后的混合语音（量化步长等于0.00003）

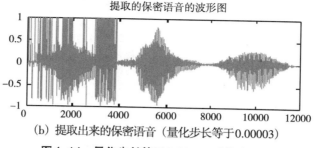

（b）提取出来的保密语音（量化步长等于0.00003）

图4-14 量化步长等于0.00003时的波形图

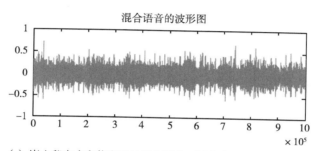

（a）嵌入秘密水印信息后的混合语音（量化步长等于0.00001）

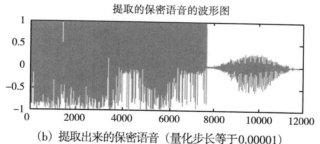

（b）提取出来的保密语音（量化步长等于0.00001）

图4-15 量化步长等于0.00001时的波形图

4.3 基于DWT变换的同步音频水印研究

对于一个水印算法，只有知道秘密水印信息究竟嵌在何处才能把它提取出来。如果攻击者破坏载体信息和水印信息的同步性以后，虽然被攻击的数字作品中水印仍然存在，而且幅度没有变化，但是水印信号已经错位不能维持正常水印提取过程所需的同步性。这样水印提取器就不可能或者无法实行对水印的恢复和提取。同步攻击通常采用几何变换方法，如缩放、空间方向的平移、时间方向的平移、旋转、剪切、剪块、像素置换、二次抽样化像素或像素簇的减少或者增加等。同步攻击比简单攻击更加难以防御。因为同步攻击破坏水印化数据中的同步性，使得水印嵌入和水印提取这两个过程不对称。而对于大多数水印技术，水印提取器都需要事先知道嵌入水印的确切位置。这样经过同步攻击后水印将很难被提取出来。因此在对抗同步攻击的策略中应该设法使水印的提取过程变得简单。

为了进一步研究同步码对水秘密印信息的重要性，作者进行了实验，分别如图4-16~图4-19所示。其中：图4-16为原始水印序列，图4-17为将原始水印序列向右平移一个元素后得到的新序列，该序列的同步性被破坏；图4-18为原始序列叠加一个随机噪声，相当于水印的幅度值被改变；图4-19是将原始水印序列裁掉了35%以后的信号，但它的同步性没有被破坏。分别计算图4-17、图4-18、图4-19与图4-16的相似性，此处用归一化系数 NC 来描述。其归一化系数分别为：0.324、0.819 和 0.937。从这些数据可以看出：水印的同步性非常重要，如果一个水印的同步性被破坏，那么它比直接破坏数据更加有杀伤力。

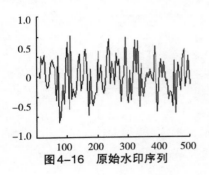

图4-16　原始水印序列

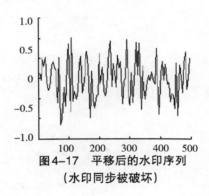

图4-17　平移后的水印序列
（水印同步被破坏）

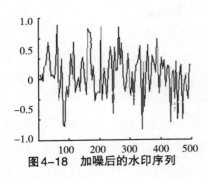

图4-18　加噪后的水印序列

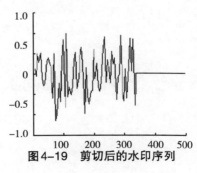

图4-19　剪切后的水印序列

本节提出的音频水印算法，是基于混沌序列，DWT变换和同步码设计的。该算法利用同步信号来定位水印的嵌入位置，以抵抗剪裁、平移等几何攻击。同步信号与秘密水印信息都嵌入高频系数中。在同步信号的搜索中，采用数字通信中的帧同步技术。

4.3.1 m序列的产生

m序列的全称是最长线性反馈移位寄存器序列，它是一种常用的伪随机序列，具有以下非常优良的数字理论特性。

1.均衡性

均衡性是指在m序列中，1和0个数大致相等。在每个周期$T = 2^n - 1$内，1出现2^{n-1}次，0出现$2^{n-1} - 1$次。周期为$T = 2^n - 1$的m序列是由n级线性反馈移位寄存器产生的，其反馈逻辑是（$X^{2^n-1} \oplus 1$）型二项式的本原多项式。这个多项式就是该线性移位寄存器的状态变换矩阵T的特征多项式，而且满足$X^{2^n-1} = 1$，这就表明，该反馈线性移位寄存器的状态经过$2^n - 1$次变换后回到初始状态，完成一个循环周期，在这$2^n - 1$次变换中，恰好遍历了除"全0"之外的全部$2^n - 1$种状态。

2.游程

在一个序列中连续出现的相同码成为一个游程，连码的个数成为游程的长度。m序列中共有2^{n-1}个游程，其中长度等于i的游程占总游程的百分比为（$1/2^i$）$\times 100\%$，其中：$1 \leqslant i \leqslant n - 2$。此外，还有一个长为$n$的1游程和一个长为$n-1$的0游程。

3.优良的自相关特性

在扩展频谱系统中，不管是通信系统还是测距系统，都非常注重研究扩频码的自相关和互相关特性。特别是在码分多址通信系统中，码序列的过大的自相关旁瓣和互相关峰值会使码捕获的虚警概率增加，对雷达系统（扩频方式）也是类似影响。自相关函数定义为

$$R_{AC}(\tau) = \int_{-\infty}^{\infty} f(t) f(t - \tau) \, \mathrm{d}t \tag{4-12}$$

其中：$f(t)$为捕获序列。

对二进制时间离散码序列，自相关函数的计算可简化如下：

把两个码序列进行逐对和逐比特比较（模2加），则自相关值为一致的比特数减不一致比特数，逐次改变τ，则可得到自相关函数，如图4-20所示。如把相关值除以$2^n - 1$称为归一化相关函数。显然，自相关函数的最大值为1。为了表示自相关特性的好与不好，引入鉴别指数（ID），它表示最大自相关值与次最大自相关值之间的差值。对于m序列，自相关鉴别指数ID $= 2^n$或ID $= 1\dfrac{1}{2^n - 1}$（最大相关值为$2^n - 1$，其他相关值为-1，鉴别指数越小，接收机的鉴别能力越强。）

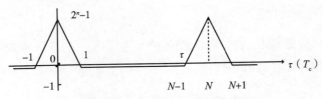

图4-20 m序列的自相关函数

4.互相关特性

对于周期性函数$S_1(t)$和$S_2(t)$，若二者周期均为T，则互相关函数

$$R(\tau) = \int_0^T S_1(t) S_2(t-\tau) \, \mathrm{d}t \tag{4-13}$$

互相关系数

$$\rho(\tau) = \frac{1}{T} \int_0^T S_1(t) S_2(t-\tau) \, \mathrm{d}t \tag{4-14}$$

如果$S_1(t)$和$S_2(t)$的周期不同，如$S_1(t)$的周期为T_1和$S_2(t)$的周期为T_2，则二者的互相关函数

$$R(\tau) = \int_0^{T_1 T_2} S_1(t) S_2(t-\tau) \, \mathrm{d}t \tag{4-15}$$

互相关系数

$$\rho(\tau) = \frac{1}{T_1 T_2} \int_0^{T_1 T_2} S_1(t) S_2(t-\tau) \, \mathrm{d}t \tag{4-16}$$

对于周期性二进制序列，如果$\{a_n\}$的周期为p_1，$\{b_n\}$的周期为p_2那么它们的互相关函数

$$R(\tau) = \sum_{n=1}^{[p_1, p_2]} a_n b_{n-\tau} \tag{4-17}$$

互相关系数

$$\rho(\tau) = \frac{1}{[p_1, p_2]} \sum_{n=1}^{[p_1, p_2]} a_n b_{n-\tau} \tag{4-18}$$

其中：$[p_1, p_2]$为p_1, p_2最小公倍数。

对于由1和0构成的两个二进制序列，其相关函数

$$R(\tau) = A - D \tag{4-19}$$

相关系数

$$\rho(\tau) = \frac{A-D}{A+D} = \frac{A+D}{P} \tag{4-20}$$

其中：A为两序列对应元素相同的个数，即模2加后0的个数；D为两序列对应不同元素的个数，即模2加后1的个数；P表示相关元素总数，即$P=A+D$。

两个周期分别为 p_1 和 p_2，且 p_1 和 p_2 互素的 m 序列之间的互相关函数是一个常数，即 $\rho = 1/p_1 p_2$，如果这个常数很小，那这两个序列是正交的。同理，这两个波形也是正交的。

5.功率谱密度

信号的自相关函数和功率谱密度构成一对傅里叶变换。可直接对式（4-12）进行傅里叶变换来求 m 序列的功率谱，但是为了方便，可表示为如下形式：

$$\rho(\tau) = \rho_1(\tau) - \rho_2(\tau) \tag{4-21}$$

式 4-21 的傅里叶变换为

$$\Phi(\omega) = \Phi_1(\omega) - \Phi_2(\omega)$$

$$= \frac{p+1}{p} S_a^2 (\frac{\omega T_b}{2}) \sum_{n=-\infty}^{\infty} \delta(\omega - \frac{n2\pi}{pT_b}) - \frac{1}{p}\delta(\omega)$$

$$= \frac{p+1}{p} S_a^2 (\frac{\omega T_b}{2}) \sum_{\substack{n=-\infty \\ n\neq 0}}^{\infty} \delta(\omega - \frac{n2\pi}{pT_b}) + \frac{1}{p^2}\delta(\omega) \tag{4-22}$$

式（4-21）中，p 为 m 序列的周期；T_b 为码元周期；$\Phi(\omega)$ 为 $\rho(\tau)$ 的傅里叶变换；$\Phi_1(\omega)$ 为 $\rho(\tau)$ 的傅里叶变换；$\Phi_2(\omega)$ 为 $\rho_2(\tau)$ 的傅里叶变换。m 序列的功率谱为线状谱，谱线间隔为 $\omega_0 = 2\pi/pT_b$，谱线包络以 $S_a^2(\omega T_b/2)$ 规律变换，直流分量强度与序列周期平方成反比，功率谱带宽取决于码元周期。

由 n 级串接的移位寄存器和对应级别的反馈逻辑电路可组成动态移位寄存器，如果反馈逻辑线路只用线性模 2 和构成，那么就称此寄存器为线性反馈移位寄存器；但是反馈逻辑线路中出现如"与""或"等运算，那么称此寄存器为非线性反馈移位寄存器。线性反馈逻辑的移位寄存器设定初始状态后，在时钟促使下，每次移位后各级的寄存器状态就会发生移位改变状态。整个系统中的每一级寄存器都会随着时钟节拍的推移输出一个序列，该序列成为移位寄存器序列。

以图 4-21 所示的 5 级移位寄存器为例，图中线性反馈逻辑服从一下递归关系：

$$a_n = a_{n-2} \oplus a_{n-5} \tag{4-23}$$

由图 4-21 可知：将第 2 级移位寄存器的输出和第 5 级移位寄存器的输出经过模 2 和运算后反馈到第 1 级的输入中。假设这 5 级移位寄存器的初始值为 00001，第 1、2、3、4 级移位寄存器存储值为 0，第 5 级存储值为 1。在移位时钟节拍的作用下，各级移位寄存器的输出状态转移流程图见表 4-3。经过 31 个时钟后，第 31 节拍移位寄存器的状态与第 0 拍的状态（初始状态）相同，因而再经过一个时钟之后，从第 32 拍开始，移位寄存器必定重复第 1 至第 31 拍的过程。这说明该移位寄存器的状态具有周期性，其周期长度为 31。如果从第 5 级输出，选择 1000

为起点，便可得到表4-3所示的序列。由表4-3可以发现，对于具有5级的移位寄存器共有$2^5-1=31$种不同的状态。上述序列中出现了除全0以外的所有状态，因此上述序列即为可能得到的最长周期的序列。因此具有上述具体线性反馈的移位寄存器的只要移位寄存器不是全0的初始状态，就能得到最长周期的序列。其实，从任何一级寄存器输出所得到的都是周期为31的序列，只是这些序列的节拍不同而已，但是这些序列都是m序列即最长线性反馈移位寄存器序列。带有线性反馈的移位寄存器周期长短由寄存器的级数、线性反馈逻辑电路和初始状态三种因素决定。但在产生最长周期的序列时，关键要有合适的线性反馈逻辑而且还要求初始状态非全0即可。

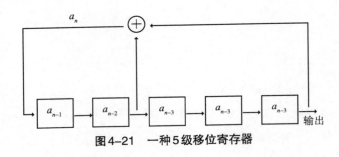

图4-21　一种5级移位寄存器

表4-3　m序列发生器状态转移流程图

移位时钟节拍	a_{n-1}	a_{n-2}	a_{n-3}	a_{n-4}	a_{n-5}	$a_n=a_{n-2}\oplus a_{n-5}$
0	0	0	0	0	1	1
1	1	0	0	0	0	0
2	0	1	0	0	0	0
3	1	0	1	0	0	0
4	0	1	0	1	0	1
5	1	0	1	0	1	1
6	1	1	0	1	0	1
7	1	1	1	0	1	0
8	0	1	1	1	0	1
9	1	0	1	1	1	1
10	1	1	0	1	1	0
11	0	1	1	0	1	0
12	0	0	1	1	0	0
13	0	0	0	1	1	1

续表

移位时钟节拍	a_{n-1}	a_{n-2}	a_{n-3}	a_{n-4}	a_{n-5}	$a_n = a_{n-2} \oplus a_{n-5}$
14	1	0	0	0	1	1
15	1	1	0	0	0	1
16	1	1	1	0	0	1
17	1	1	1	1	0	1
18	1	1	1	1	1	0
19	0	1	1	1	1	0
20	0	0	1	1	1	1
21	1	0	0	1	1	1
22	1	1	0	0	1	0
23	0	1	1	0	0	1
24	1	0	1	1	0	0
25	0	1	0	1	1	0
26	0	0	1	0	1	1
27	1	0	0	1	0	0
28	0	1	0	0	1	0
29	0	0	1	0	0	0
30	0	0	0	1	0	0
31	0	0	0	0	1	1

n 级线性反馈移位寄存器如图 4-22 所示。该图中，C_i 表示反馈线的两种可能连接状态，$C_i=0$ 表示连线断开，第 $n-i$ 级输出未加入反馈；$C_i=1$ 表示连线接通，第 $n-i$ 级输出加入反馈中。一般形式的线性反馈逻辑表达式为

$$a_n = C_1 a_{n-1} \oplus C_2 a_{n-2} \oplus \cdots \oplus C_n a_0$$
$$= \sum_{i=1}^{n} C_i a_{n-i} (\bmod 2) \tag{4-24}$$

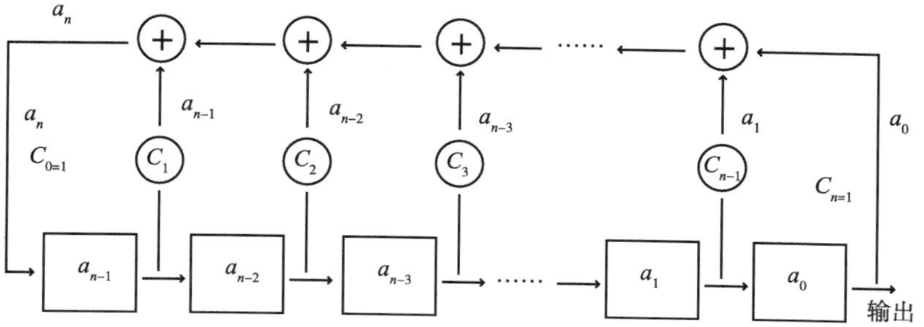

图 4-22 n 级线性反馈移位寄存器

定义一个多项式：

$$F(x) = \sum_{i=0}^{n} C_i x^i \tag{4-25}$$

其中：x 的幂次为元素相应的位置。

式（4-25）为线性反馈移位寄存器的特征多项式。特征多项式与输出序列的周期有密切关系。可以证明，当 $F(x)$ 满足下列三个条件就可以确定产生 m 序列：

条件1：$F(x)$ 是既约多项式，也就是不能再分解因式的多项式；

条件2：$F(x)$ 可整除 $x^p + 1$，（$p = 2^n - 1$），

　　　　n 是移位寄存器的位数，p 是 m 序列周期；

条件3：$F(x)$ 除不尽 $x^q + 1$，（$q < p$）。

满足上述条件的多项式成为本原多项式。表4-4显示了各级的本原多项式的系数。

表4-4　本原多项式系数

n	本原多项式系数的八进制表示	代数式
2	7	$x^2 + x + 1$
3	13	$x^3 + x + 1$
4	23	$x^4 + x + 1$
5	45	$x^5 + x^2 + 1$
6	103	$x^6 + x + 1$
7	211	$x^7 + x^3 + 1$
8	435	$x^8 + x^4 + x^3 + x^2 + 1$
9	1021	$x^9 + x^4 + 1$
10	2011	$x^{10} + x^3 + 1$

当 $N = 2^n - 1$ 为素数时，由 $1 + x^N$ 分解出的所有的级数为 r 的不可约多项式均为 m 序列的特征多项式。在这一部分，将给出由 $1 + x^N$ 分解出的级数 r 的不可约多项式的条数 N_1 和能产生 m 序列的特征多项式的条数 N_m。由唯一分解定理可知，任一个大于1的正整数 n 都可以表示为素数的乘积，即

$$n = \prod_{i=1}^{k} p_i^{\alpha_i} \tag{4-26}$$

其中：p_i 为素数；α_i 为正的幂数。

不难求出一个求 r 次不可约多项式个数的普遍公式：

$$N_m = \frac{1}{r}[2 - \sum_{i=1}^{m} 2^{r/p_i} + \sum_{1 \leq j \leq m} 2^{r/p_i p_j} - \sum_{1 \leq j < k \leq m} 2^{r/p_i p_j} + \cdots + (-)^m 2^{m/p_1 p_2 \cdots p_m}] \quad (4\text{-}27)$$

表4-5 m序列长度、不可约多项式个数和m序列的条数

级数 r	$2r-1$	N_m	N_1
2	1	1	1
3	3	2	2
4	15	6	6
5	31	6	9
6	63	8	18
7	127	16	30
8	255	48	56
9	511	60	99
10	1023	60	99

4.3.2 同步码的产生和检测

采用 m 序列作为秘密水印的同步信号。假设 $\{a_n\}$ 和 $\{b_n\}$ 是两个具有相同周期的 m 序列，其周期均为 p。a_n，$b_n \in \{-1，1\}$，则它们的相关函数被定义为

$$\rho(t) = \frac{1}{p} \sum_{n=1}^{p} a_n b_{n-t} \quad (4\text{-}28)$$

m 序列的自相关函数有如下的性质：

$$\rho(t) = \begin{cases} 1 & (t=0) \\ -1/p & (t \neq 0) \end{cases} \quad (4\text{-}29)$$

设 $\{a_n\}$ 是作为同步码的原始 m 序列，$b_n \in \{-1，1\}$ 是一个待检测的序列。同步码的检测方法是基于数字通信中的帧同步技术。本书采用如下的同步方案：在任何状态下，都同时进行监视和搜索输入的语音信号；如果在规定时间内连续出现若干次"丢失原来的随后发现新的帧定位信号"或者"发现新的随后丢失原来的帧定位信号"就与之建立新的帧同步，搜索同步码和建立重同步的具体步骤如下。

第一步：对整段语音信号进行监测，提取信号码。

第二步：与同步码的匹配率大于一定阈值的码；这些码就被认为是同步信息。

同步信号的提取过程是嵌入过程的逆过程。

4.3.3 水印信息的混沌加密

选择混沌序列的初始值，并形成混沌序列的二值序列 $w=[w_1,\ w_2,\ w_3,\ \cdots]$。

其中：$w_i\in\{0,1\}$。水印信息与同步信息按照图4-23的方式形成待嵌入的秘密水印序列（二进制序列）$c=[c_1,\ c_2,\ c_3,\ \cdots]$（$c_i\in\{0,\ 1\}$）。将二进制序列先按式（4-30）进行调制，得到对应的调制后序列 SC。

$$SC_i=w_i\oplus c_i \qquad\qquad (4-30)$$

其中：$\oplus$ 为异或运算符。

4.3.4 秘密水印的嵌入过程

采用DWT变换嵌入并提取秘密水印信息。将同步信息与秘密的水印信息混合在一起，形成待嵌入的秘密信息，它的结构如图4-23所示。

图4-23 待嵌入的秘密信息结构图

为了保证抗干扰能力和安全性，在嵌入前必须对秘密信息进行混沌调制。在实现时采用Logistic序列对秘密信息进行调制。为了使嵌入信息后的语音损伤降到最低限度，需要利用人耳的听觉特性确定信息的变换域嵌入点，根据人耳的掩蔽效应，语音频谱中能量较高频段的噪声相对于能量较低频段的噪声而言不易被感知。由于隐藏信息相当于噪声，而高频位于语音能量高频段，因此在此处嵌入信息人耳不易察觉。嵌入端对载体语音进行分段，并对每一段做DWT变换，通过调整刚刚生成的DWT高频系数相邻段的能量完成对隐藏信息（包括同步信号与水印信息）的嵌入，最后对嵌入隐藏信息后的混合语音信号做分段离散小波反变换，生成含有隐藏信息的混合语音，图4-24显示了秘密水印嵌入的过程。

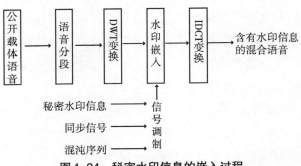

图4-24 秘密水印信息的嵌入过程

步骤1：公开语音的分段处理。

假设公开的载体语音为 Z，它含有 N 个采样数据点，则公开的载体语音信号 Z 可以表示为

$$Z = \{Z(n), \ 0 \leq n < N\} \tag{4-31}$$

其中：$Z(n)$ 是公开载体语音的第 n 个采样点。

将式（4-31）中公开载体语音信号 Z 分解成两部分：与嵌入秘密水印信息有关的部分 Z_e 和无关的部分 Z_r，则

$$Z = Z_e + Z_r \tag{4-32}$$

其中：将公开载体语音信号中与嵌入秘密水印信号无关的部分 Z_r 始终不参与水印信号的嵌入，因此它在嵌入秘密水印信息前后都保持不变。

将公开载体语音信号中与嵌入秘密水印信息有关的部分 Z_e 分成大小相等的数据段，假设音频段的个数为 M，每个音频段含有的数据为 L，则有：

$$Z_e = \{z_e(k), \ 0 \leq k < M\} \tag{4-33}$$

其中：$z_e(k)$ 代表了公开载体语音信号的第 k 个音频段。

在这每个音频数据段里，既可以嵌入同步码，又可以嵌入秘密的水印信息。把用来嵌入同步码的音频数据段称为嵌入同步码段。同理，把用来嵌入秘密水印信息的音频数据段称为秘密水印段。

假设：这些音频数据段是连续划分的，它们每个之间间隔，并且从音频信号的第1个采样数据就开始分段，则公开载体语音信号的第 k 段可以表示为

$$Z_e(k) = \{Z(kL+i), \ 0 \leq k < M, \ 0 \leq i < L\} \tag{4-34}$$

其中：k 为数据段的编号；i 为某个数据段内采样点的编号，即该段内的第 i 个采样点；L 为每个音频数据段的长度，即每个音频数据段内的采样点数；M 为音频数据段的总数。

步骤2：音频数据段的离散小波变换。

分别对每个音频数据段做一级离散小波变换。离散小波变换时所采用小波基为db1。假设对第 k 个音频数据段进行离散小波变换以后，得到的小波系数分别为 $D_e(k)$ 和 $G_e(k)$。其中 $D_e(k)$ 为低频部分；$G_e(k)$ 为高频部分。则可得如下表达式：

$$[D_e(k), \ G_e(k)] = \{\text{DWT}(Z_e(k), \ 0 \leq k \leq M\} \tag{4-35}$$

步骤3：计算高频系数的能量。

假设高频系数 $G_e(k)$ 前 $L/4$ 个点的能量为 E_1，则

$$E_1 = \sum_{j=0}^{L/4-1} G_e(j)^2 \tag{4-36}$$

假设高频系数 $G_e(k)$ 后 $L/4$ 个点的能量为 E_2 ，则

$$E_2 = \sum_{j=L/4}^{L/2} G_e(j)^2 \tag{4-37}$$

步骤4：计算嵌入强度 β 。

如何选择适当的嵌入强度 β 是数字水印的重中之重。一般情况下，嵌入强度 β 越大，水印算法的鲁棒性就越高，但是水印的透明性（即水印的不可感知性）就越差。这是因为不可感知性和鲁棒性是相互矛盾的。所以，在选择嵌入强度 β 时，必须在水印的透明性和鲁棒性之间找到一个平衡点。

计算前 $L/4$ 段的嵌入强度：

$$\beta_1 = \begin{cases} 1 & \text{（其他情况）} \\ \sqrt{\dfrac{\beta \times E_2}{E_1}} & \left(\text{当SC}(i)=1, \dfrac{E_1}{E_2} < \beta\right) \end{cases} \tag{4-38}$$

计算后 $L/4$ 段的嵌入强度：

$$\beta_2 = \begin{cases} 1 & \text{（其他情况）} \\ \sqrt{\dfrac{\beta \times E_1}{E_2}} & \left(\text{当SC}(i)=0, \dfrac{E_2}{E_1} < \beta\right) \end{cases} \tag{4-39}$$

步骤5：水印信息的嵌入。

比较前 $L/4$ 段的嵌入强度 β_1 和后 $L/4$ 段的嵌入强度 β_2 的大小，从而修改高频系数，以达到将秘密水印信息嵌入到公开载体音频 Z 中的目的。假设修改后的高频系数为 $G_e'(j)$ ，则

$$G_e'(j) = \begin{cases} G_e(j) \times \beta_1 & (0 \leqslant j < L/4) \\ G_e(j) \times \beta_2 & (L/4 \leqslant j \leqslant L/2) \end{cases} \tag{4-40}$$

步骤6：离散小波反变换，从而重构公开载体语音。

原始载体语音通过上述方法嵌入秘密水印信息以后，就会生成混合语音，假设生成的混合语音为 Z_e' ，则

$$Z_e'(k) = \text{IDWT}(D_e(k), G_e'(k)) \quad (0 \leqslant k \leqslant M) \tag{4-41}$$

用 Z_e' 代替 Z_e ，由式（4-31）可得到嵌入秘密水印信息以后的混合语音信号。假设该混合语音为 Z' ，则

$$Z' = Z_e' + Z_r' \tag{4-42}$$

4.3.5 秘密水印的提取过程

该算法在提取秘密水印信息时不需要原始的载体语音信号Z，因此它是一种盲提取算法，但需要知道混沌序列的初始值、秘密信息的长度和产生 m 序列的初始值这些参数。

接收方得到的是含有隐藏信息的混合语音。分别对接收到的语音做分段预处理、DWT变换、搜索同步码、提取和 Logistic 序列解调，得到保密语音，具体过程如图4-25所示。

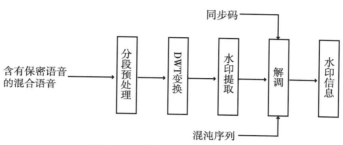

图4-25　水印信息提取过程图

假设：Z'' 是提取秘密水印信息需要用到的混合语音信号，则提取秘密水印信息的过程如下。

步骤1：混合语音信号 Z'' 的分段处理。

将待检测的混合语音信号 Z'' 进行分段，具体分段方法与水印嵌入时的完全一样，因此按式（4-24）~式（4-26）处理即可：

$$Z'' = Z_e'' + Z_r'' \tag{4-43}$$

其中：$Z_e'' = Z_e''(k) = Z''(kL+i)$，$Z_r'' = Z''(n)$

其中：k 为数据段的编号；i 为某个数据段内采样点的编号，即该段内的第 i 个采样点；L 为每个音频数据段的长度，即每个音频数据段内的采样点数。

步骤2：混合语音信号 Z'' 的离散小波变换。

将待检测的混合语音信号 Z'' 中含有秘密水印信息的那部分做一级离散小波变换，则第 k 个音频数据段的变换结果为

$$[D_e(k), G_e(k)] = \{\mathrm{DWT}(Z_e'(k))\} \tag{4-44}$$

其中：$0 < k < M$。

步骤3：计算 $G_e(k)$ 的能量。

假设 $G_e(k)$ 前 $L/4$ 个点的能量为 E_1，后 $L/4$ 个点的能量为 E_2，则

$$E_1 = \sum_{j=0}^{L/4-1} H_e(j)^2 \tag{4-45}$$

$$E_2 = \sum_{j=L/4}^{L/2} H_e(j)^2 \tag{4-46}$$

步骤4：提取秘密水印信息。

通过比较 $G_e(k)$ 的能量关系，提取出秘密水印信息 SC'，具体如下：

$$SC'(i) = \begin{cases} 1 & (E_1 > E_2) \\ 0 & (E_1 \leqslant E_2) \end{cases} \tag{4-47}$$

步骤5：水印信息的混沌解调。

将提取出来的信息 SC' 用混沌序列进行解调。

$$c_i' = w_i \oplus SC_i' \qquad (0 \leqslant i \leqslant N) \tag{4-48}$$

步骤6：确定同步信号，还原水印信号。

利用同步码的检测方法寻找同步码。当同步信号确定以后，就可以提取后面的水印信息，还原出水印信号了。

4.3.6 基本实验结果

基本实验主要测试该算法能否正确地嵌入和提取秘密的水印信息，以及嵌入的秘密水印信息是否对公开的载体信号构成实质性损伤，即秘密水印的不可感知性如何。测试条件如下。

公开的载体是单声道音频文件，其采样频率为44.1kHz，量化精度为16bits，音频的长度约为70s。

秘密水印信息：一幅带有瀑布的风景画。

采用db1小波基，对音频载体进行一级小波分解；在载体音频小波系数的高频部分嵌入秘密的水印信息。混沌序列的初始值 x_0 为0.2963，参数 μ=3.956。同步信号是周期为95的m序列，判断概率的阈值取为0.917。

柯克霍夫原则（Kerckhoffs Principle）是密码学中的一个非常重要的原则。柯克霍夫原则的基本思想是除了密钥之外，攻击者知道有关算法的一切内容。在考察密码算法的安全性时，密码学者往往会假设攻击者已经知道该算法，为了确保算法的安全性，他们常常会将算法公开，使其他密码学者也能研究算法并试着找出其中的缺陷。为了达到公开隐密算法的目的，既可以使用现有的算法，也可以研究新的隐密算法并将其公开。密码学中，柯克霍夫原则确保攻击者在不知道密钥的情况下无法得到秘密信息。一个好的水印算法必须符合密码学中的柯克霍夫原则。

原始载体音频信号的波形如图4-26所示，此时它没有嵌入任何水印信息。

在没有受到任何攻击的前提下，嵌入水印信息后载体音频的波形如图4-27所示。从这两个波形图可以看出，嵌入水印信息前后，载体音频没有明显的变化。声音试听的结果显示：嵌入水印信息后的混合语音与原始语音几乎没有差别。并且，所采用的载体音频都具有自主知识产权，攻击者没有原始的样本可以对比，因此不易引起攻击者的怀疑，达到了水印信息"透明"的要求。

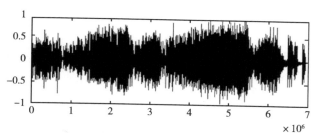

图4-26 嵌入水印信息前的载体音频信号

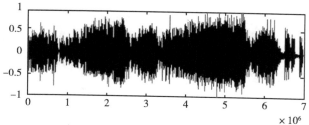

图4-27 嵌入水印信息后的载体音频信号

原始水印图像如图4-28所示，接收端提取出来的水印信息如图4-29所示。从这两个图中可以看出，它们之间没有明显的差异，因此本算法能很好地提取出秘密水印。并且如果提取时混沌序列的初始值有微小的变化，都不能正确提取出秘密的水印信息，这完全符合密码学中的柯克霍夫原则，因此该算法十分安全。

图4-28 原始水印图像

图4-29 提取出的水印图像

4.3.7 恶意攻击实验

设计了6种攻击实验。

（1）噪声干扰：加入信噪比为15db白噪声。加入噪声后提取出的水印图像如图4-30所示，此时水印图像的位错误率为0.151%。

（2）低通滤波：采用阶数为6阶，截止频率为1kHz的Butterworth低通滤波器。低通滤波攻击下，提取出的水印图像如图4-31所示，此时水印图像的位错误率为0.634%。

图4-30　加入噪声攻击下提取出的水印图像　　　图4-31　重量化攻击下提取出的水印图像
（BER=0.151%）　　　　　　　　　　（BER=0.634%）

（3）重采样：先将隐藏音频采样频率从44.1kHz变为22.05kHz，再重采样为44.1kHz。重采样攻击下，提取出的水印图像如图4-32所示，此时水印图像的位错误率为0.092%。

（4）回声干扰：引入25ms的回声干扰。回声干扰攻击下，提取出的水印图像如图4-33所示，此水印图像的位错误率为0.092%。

图4-32　重采样攻击下提取出的水印图像　　　图4-33　回声干扰攻击下提取出的水印图像
（BER=0.092%）　　　　　　　　　　（BER=2.231%）

（5）重量化：将隐藏音频从16bits量化为8位，再量化为16bits（图4-34）。

图4-34 重量化攻击下提取出的水印图像
（BER=29.3268%）

（6）剪切攻击：为了测试该算法对剪切攻击的鲁棒性，现将嵌入秘密水印信息后的混合音频文件尾部剪掉一段，如图4-35所示。

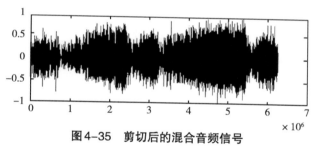

图4-35 剪切后的混合音频信号

运用该水印算法，从剪切后的混合音频信号提取出来的秘密水印信息如图4-36所示。

根据以上实验数据、波形图和水印图片，并且结合人的听觉与视觉效果，可以得出如下的结论。

（1）本算法对于重采样攻击的鲁棒性较好。恢复的编码序列的位错误率和没有进行攻击时相同，恢复图像水印与原始水印

图4-36 剪裁攻击下提取出的水印图像
（BER=1.0327%）

几乎相同；同时，隐藏音频听觉质量良好，不容易引起攻击者怀疑。

（2）加入噪声和低通滤波对提取秘密水印信息的影响比较小。

（3）在遭遇回声干扰的情形下，如果回声攻击的延时比较短，该算法仍然能够准确地提取出秘密的水印图像，提取出的水印图像比较清晰。载体音频文件的音质有一定的影响，但还是能听清楚。如果回声攻击的延时比较长，会对算法的提取效果产生明显的影响。此时，嵌入水印图像的载体音频的音质下降明显。

（4）重量化对于图像水印的恢复有很大的影响。图4-31清晰地反映了嵌入水印信息后的混合音频在遭遇重新量化攻击的情况下水印图像的提取质量。此时，提取出来的水印图像位错误率很高，水印图像的质量比较差，这对正确理解图像信息造成了很大的困难。

（5）剪切攻击对提取水印的影响取决于剪切的长度。在剪切长度比较小的情况下，该算法能正确地提取出水印图像。因此，该算法对于抗裁剪有较好的性能。

4.3.8 结论

本水印算法利用了同步信号，通过比较相邻两段能量的关系将水印信号隐藏到公开的载体音频信号中，并能提取出正确的秘密信息。同步信号的作用是定位水印的嵌入位置。计算机仿真实验的结果显示：该算法对重采样、回声干扰、裁剪等攻击具有很好的鲁棒性，此时算法的不可感知性也很好。由于秘密水印经混沌序列调制形成，这样保证了提取者必须有混沌序列初始值和解码算法才能正确还原出秘密水印，这无形中增加了攻击者窃取秘密信息的难度，为系统的安全增加了另一把锁。从而为多媒体保密通信、数字版权保护等应用提供了广阔的天地。

第5章 DWT和DCT相结合的水印算法

近年来，基于离散小波变换（DWT）和离散余弦变换（DCT）的水印算法分别取得了很大的发展，如Lei，Soon和Li等提出了基于DCT变换的水印算法[101]；Bhat，Sengupta和Das等提出了基于DWT变换的水印算法等[102]。但将离散小波变换（DWT）和离散余弦变换（DCT）两者结合起来的水印算法并不多，Wang和Zhao等提出了在DWT域和DCT域一起构成的混合域嵌入秘密水印信息，并用实验证明算法有较强的鲁棒性和较好的不可听性[103]；Wang和Fan等采用在DWT和DCT的混合域嵌入水印，该算法也取得了一定的鲁棒性[104]。

由于离散小波变换DWT具有多分辨率特性，其L级分解的近似分量能有效地抵御各种干扰；而离散余弦变换DCT具有良好的解相关能力和能量压缩能力（聚能作用）。如果把两者的特性结合起来，将会大大加强算法的性能。本章就是研究两者的结合算法，将保密语音隐藏到另一个音频载体中。在实现时，首先对载体音频信号进行4级小波变换，然后选择第4层小波系数的低频分量CA4，并对其进行离散余弦变换，得到嵌入保密语音信息后的混合语音信息。在提取时候，首先对嵌入保密语音信息之后的混合语音做4级小波分解，然后对第4层的低频分量进行离散余弦变换，最后进行量化提取。

5.1 水印的嵌入算法

1.离散小波变换

选择适当的小波基（这里选择和DWT算法相同的小波基）对载体语音S进行4级小波分解，得到不同分辨率下的细节分量（即高频分量）CD1、CD2、CD3、CD4和近似分量（即低频分量）CA4，将各个分量在E中以此排队，得到：

$$E = CA4 \oplus CD4 \oplus CD3 \oplus CD2 \oplus CD1 \tag{5-1}$$

其中：$\oplus$为两个空间的正交和。

2.离散余弦变换

选择第4层小波系数的低频分量CA4，并对其进行离散余弦变换。

$$CA_{DCT}4 = DCT（CA4） \tag{5-2}$$

3.秘密水印信息的嵌入

根据待秘密水印信息的值是"0"还是"1"，采用量化方法嵌入秘密水印信息，则嵌入之后的系数为 $CA'_{DCT}4$。

4.离散余弦反变换

对嵌入秘密水印信息之后的系数 $CA'_{DCT}4$ 做离散余弦反变换，得到：

$$CA'4 = IDCT（CA'_{DCT}4） \tag{5-3}$$

5.离散小波反变换

以 $CA'4$ 代替 $CA4$，得到嵌入秘密水印信息后的小波变换域表达式：

$$E' = CA'4 \oplus CD4 \oplus CD3 \oplus CD2 \oplus CD1 \tag{5-4}$$

再做逆离散小波变换，得到含有秘密水印信息的混合音频信号 S'：

$$S' = IDWT（E'） \tag{5-5}$$

整个嵌入算法的框架图如图5-1所示

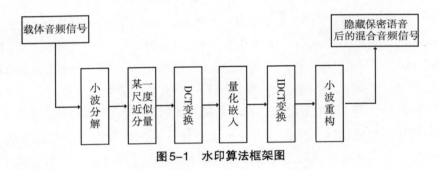

图5-1　水印算法框架图

5.2 水印的提取算法

步骤1：离散小波变换。

选择合适的小波基，对待检测的混合音频信号 S' 做4级小波分解。

步骤2：离散余弦变换。

选择第4层低频分量 $CA4$ 做DCT变换，对其进行离散余弦变换。

$$CA_{DCT}4 = DCT（CA4） \tag{5-6}$$

步骤3：量化提取。

根据嵌入时的量化方案提取秘密水印信息序列，即

$$v（k） = \begin{cases} 1 & [CA_{DCT}4（k）\in A] \\ 0 & [CA_{DCT}4（k）\in B] \end{cases} \tag{5-7}$$

步骤4：保密语音的恢复。

利用提取出来的二进制信息恢复出保密语音（水印信息）。整个提取算法的框架图如图5-2所示。

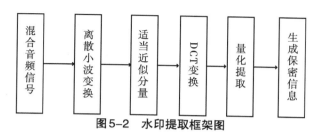

图5-2　水印提取框架图

5.3 水印的性能测试

5.3.1 有效性和不可感知性测试

实验条件：和第3、4章的相同。量化步长为0.0002，小波基为db1。

原始音频信号、混合音频信号、原始保密语音和提取出来的保密语音的波形图分别如图5-3和图5-4所示。这两对图没有明显变化，听觉效果也显示这两对语音没有明显区别。因此，该算法的不可感知性和提取效果都很好。

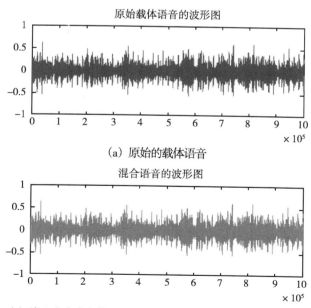

（a）原始的载体语音

（b）嵌入秘密水印信息后的混合语音（量化步长等于0.0002）

图5-3　嵌入秘密水印信息前后载体语音的波形比较图

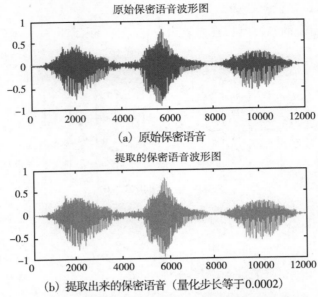

(a) 原始保密语音

(b) 提取出来的保密语音（量化步长等于0.0002）

图5-4　原始保密语音和提取的保密语音的波形比较图

5.3.2 量化步长对算法性能的影响

在上面实验的基础上，分别对量化步长取不同的值，得到的数据见表5-1。

表5-1　量化步长对算法性能的影响

编号	步长	混合语音		提取的保密语音		
		SNR	听觉效果	SNR	归一化系数	BER
1	0.2	5.6928	很大的噪声	73.407	0.999460	0
2	0.1	11.797	明显的噪声	73.407	0.999460	0
3	0.05	17.378	明显的噪声	73.407	0.999460	0
4	0.01	31.04	轻微的噪声	73.04	0.999460	0
5	0.005	35.431	轻微的噪声	73.04	0.999460	0
6	0.001	51.507	好	73.407	0.999460	0
7	0.0008	52.891	好	73.407	0.999460	0
8	0.0006	55.434	好	73.407	0.999460	0
9	0.0004	59.049	好	73.407	0.999460	0
10	0.0002	65.013	好	73.407	0.999460	0
11	0.0001	70.685	好	13.513	0.97748	0.0076
12	0.00003	73.787	好	10.029927	0.43228	10.8431
12	0.00002	75.605	好	0.49927	0.12228	29.9348
13	0.00001	Inf	好	−0.12945	−0.019759	43.6948

其中，量化步长为0.2、0.00003和0.00001时嵌入保密语音后的混合语音和提取出来的保密语音的波形图分别如图5-5~图5-7所示。

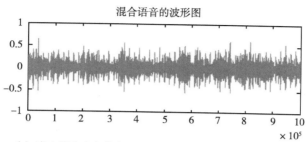

（a）嵌入秘密水印信息后的混合语音（量化步长等于0.2）

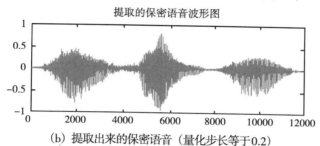

（b）提取出来的保密语音（量化步长等于0.2）

图5-5　量化步长等于0.2时的波形图

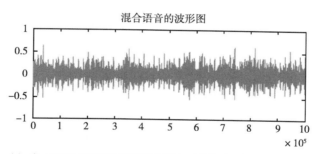

（a）嵌入秘密水印信息后的混合语音（量化步长等于0.00003）

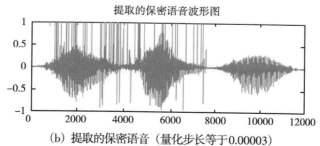

（b）提取的保密语音（量化步长等于0.00003）

图5-6　量化步长等于0.00003时的波形图

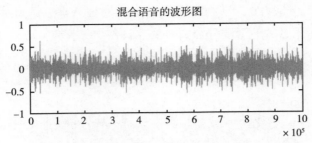

（a）嵌入秘密水印信息后的混合语音（量化步长等于0.00001）

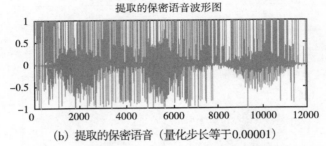

（b）提取的保密语音（量化步长等于0.00001）

图5-7 量化步长等于0.00001时的波形图

从上文可知，当量化步长等于0.0002时，隐藏保密语音后的混合语音信息的信噪比达到最大，同时提取的保密语音的位错误率最小。此时，算法在恢复效果、不可感知性和鲁棒性方面均取得良好的效果（图5-3，图5-4）。

5.3.3 鲁棒性测试

1.低通滤波

和前面一样，将混合语音经过10kHz的低通滤波器，然后进行提取，此时提取的位错误率为0.14%，这比DCT域算法和DWT域算法的要小。因此，对于低通滤波，该算法比DCT域或DWT域的算法具有更好的抗攻击能力。

2.加噪攻击

实验条件和方法与第3、4章的完全一样，实验结果见表5-2。

表5-2 攻击强度与提取效果之间的关系

攻击强度β	提取的保密语音	
	位错误率(%)	听觉效果
0.01	0.053	效果很好
0.02	0.23	效果很好
0.03	2.11	轻微噪声

续表

攻击强度β	提取的保密语音	
	位错误率（%）	听觉效果
0.04	10.07	较大噪声
0.05	18.81	明显噪声
0.06	32.87	明显噪声

由此可见，和前面的两种算法一样，当逐渐加大攻击强度时，信息提取的位错误率也会随之增加，当攻击强度等于0.04时，提取的位错误率仍然保持在10%左右。图5-8和图5-9分别为攻击强度为0.01和0.03时提取的保密语音的波形图。

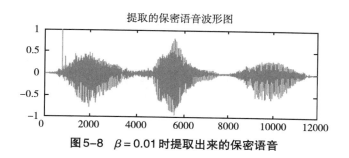

图5-8 $\beta = 0.01$时提取出来的保密语音

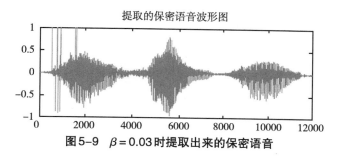

图5-9 $\beta = 0.03$时提取出来的保密语音

从图5-8、图5-9可以看出，该算法具有一定的抗噪能力。同时，从表5-2中的数据也可以看出，当攻击强度β相同的时候，通过该算法提取出来的保密语音的位错误率比通过前面两种算法提取出来的保密语音的位错误率要低，这表明该算法的抗噪能力要比前两种要好。

3.重采样

首先将隐藏有保密语音的混合语音变换为22050Hz的采样频率，然后再进行插值运算，最后变回44100Hz的采样频率。该算法经过此次操作之后提取出来的保密语音的位错误率为18.7%，这说明该算法抗重采样攻击的能力较差，但比

DCT域和DWT域的算法稍强。

4.重量化

先将隐藏保密语音之后的混合语音从16位量化变为8位量化，然后重新进行16位量化，该算法经过此次操作之后提取出来的保密语音的位错误率为0.026%。因此，该算法抗击重量化攻击的能力很强，且该算法抗击重量化攻击的能力比DCT算法和DWT算法的要强。

5.4 三个算法性能的分析和比较

水印为保密通信提供了一种崭新的方法。前面介绍的量化水印方案分别应用到了DCT、DWT及DCT与DWT相结合的算法，这些算法可以将一种保密语音信号不可察觉地隐藏到一种可以公开的载体语音信号中，从而可以通过公用信道，安全地将保密语音传送到通信的另一端。表5-3显示了前面的鲁棒性实验得到的保密语音的位错误率对比结果。

实验结果表明：该方案具有很好的隐密性，同时对于一般的滤波、加噪，这三种算法都具有较好的鲁棒性。

（1）对于加噪攻击，DWT域算法的抗击能力较差，DCT域的算法较强，DCT+DWT算法抗击加噪攻击的能力比单独使用DCT域或者DWT域的都要强。当攻击强度大于0.04时，这三个算法的位错误率都比较高（大于10%），听觉效果显示此时提取出来的保密语音出现了较大的噪声，且当攻击强度大于0.06时，DCT + DWT算法的鲁棒性反而比DCT域的要差，但仍然比DWT域算法的鲁棒性要强。

（2）对于低通滤波，这三种算法都具有较好的鲁棒性，但DWT域算法的位错误率要低，这说明DWT域算法对于低通滤波的鲁棒性比DCT域算法的要强；而DCT+DWT域算法的位错误率比DCT、DWT域的都要低，这说明采用DCT域和DWT域相结合的算法对于抗击低通滤波的能力比单独采样DCT域或DWT域的都要强。

（3）对于重量化攻击，DWT域算法的鲁棒性比DCT域算法的稍强，DCT + DWT域算法的鲁棒性比DCT域算法、DWT域算法都要强，同时通过这三种算法提取出来的保密语音的位错误率都很低，最高的也只有0.117%，试听的效果也显示，通过这三种算法提取出来的保密语音和原始的保密语音及没有遭受任何攻击下提取出来的保密语音没有几乎没有差别。

（4）对于重采样，虽然 DWT+DCT 域算法的位错误率比 DCT 域、DWT 域算法的都要低，但它们的位错误率均较高，听觉效果也显示，通过这三种算法提取出来的保密语音都有较大的噪声，因此这三种算法抗击重采样攻击的能力都很差。

同时，这几种算法都运用了量化方法，在提取秘密水印信息时不需要原始语音的参与，因此实现了盲提取，这将大大减少网络传输的数据量，从而为语音保密通信提供了一种好的途径。由于小波和离散余弦变换相结合的算法集合了小波和离散余弦变换的特性，抗攻击的能力总体上要比单独在 DCT 域、DWT 域嵌入和提取保密语音的算法强，因此它更适合应用在基于水印技术的保密通信系统中。

表 5-3　三种算法经过各种攻击后的位错误率

算法	低通滤波	加噪		重采样	重量化
		攻击强度为 0.03	攻击强度为 0.06		
DCT	0.24%	3.14%	29.74%	23%	0.117%
DWT	0.17%	3.71%	36.22%	20.5%	0.054%
DCT +DWT	0.14%	2.11%	32.87%	18.7%	0.026%

第6章　基于矩阵奇异值分解的水印研究

6.1 引言

近些年来，数字媒体技术的开发和应用有了爆炸性的发展。然而，数字媒体的无限次完美复制和通过网络的迅速传播给媒体原始拥有者的权益造成了潜在的威胁：其艰苦劳动的成果有可能在一夜间被无偿地复制并传播到世界的每一个角落。这种威胁将极大地打击数字媒体创作者的积极性。因而数字媒体的版权保护成为一个迫切需要解决的问题[121]。数字水印作为版权保护的一种有效途径，引起了人们的高度重视，已成为信息科学前沿领域一个新颖且具有广泛应用前景的研究热点[122, 123]。

利用奇异值分解嵌入水印最早出现在鲁棒水印领域，但当时提出的方法将大部分水印信息放在奇异值分解后产生的酉阵中，只将少部分水印信息存放在奇异值矩阵中，并且酉阵在含水印图片之外额外传输，这就导致了提取水印时需要检测的额外信息比载体图片还要大，而且不能实现盲检测。此外，由于载体图片中的水印信息很少，此载体图片与其他无关的含水印酉阵相乘甚至可以得到完全不同的水印。因此，这种方法嵌入水印基本上是错误的。

本书提出了一种基于奇异值分解的量化水印算法，在水印图像嵌入载体图像之前先对其做置乱变换，使其"混乱不堪"；然后利用奇异值分解和量化的方法嵌入和提取水印信息。实验结果表明，该算法对旋转、加噪、JPEG压缩等攻击具有很好的鲁棒性。

6.2 奇异值分解

奇异值分解（Singular Value Decomposition，SVD）是由 Beltrami 在 1873 年和 Jordan 在 1874 年提出应用在正交矩阵中，直到 20 世纪 60 年代由于复杂数值计算的需要，才被作为一种计算工具来使用。

近来，奇异值分解已经成为了一个很重要的线性代数工具。它在图像压缩，数字水印和其他信号处理领域方面有很重要的应用。如果从线性代数的角度来看，一幅数字图像可以看成是由许多非负标量组成的矩阵，因此，可以将各种矩阵处理的技术应用到图像处理中来，实现图像大规模数据的快速处理。

6.2.1 奇异值分解及其特性

奇异值分解是一种正交变换，它可以将矩阵对角化。奇异值分解既是一种数值算法，也是线性代数中非常有效的工具之一。基于奇异值分解的数值水印算法对于一般的转置、旋转、缩放等攻击具有很强的鲁棒性，它有如下特征。

特性1：一对奇异向量 U 和 V 反映了图像的几何结构，奇异值反映了亮度信息，当算法保存 U 和 V 矩阵当作密钥时，能很好地抵抗几何攻击，但利用这类的水印提取算法，在与版权图像毫无关系的其他图像中都能提取出相似度很高的水印图像，表明这类水印算法虚警率非常高，实用性不强。

特性2：图像的奇异值具有相当好的稳定性，即当图像受到轻微的扰动时，它的奇异值不会发生剧烈改变，奇异值能够表现出图像内蕴特性，而非视觉特性，因此符合水印的隐蔽性要求。

特性3：奇异值变换后，图像的亮度信息主要集中在奇异值矩阵的少数奇异值上，而非两侧的正交矩阵，亮度信息更集中在奇异值矩阵的首个对角元素上。

6.2.2 奇异值分解定理

定义 6.1 设 A 是秩为 r 的 $m \times n$ 复矩阵，$A^H A$ 的特征值为 $\lambda_1 \geqslant \lambda_2 \geqslant \cdots \geqslant \lambda_r > \lambda_{r+1} = \lambda_{r+2} = \cdots = \lambda_n = 0$，则 $\sigma_i = \sqrt{\lambda_i}$（$i = 1, 2, \cdots, r$）称为矩阵 A 的正奇异值。

定义 6.2 设 A、B 是 $m \times n$ 复矩阵，若存在 m 阶酉矩阵 U，n 阶酉矩阵 V，使得 $A = UBV$，则称矩阵 A 与 B 酉等价。

定理 6.1 如果 A 为 n 阶复矩阵，则有：

1）矩阵 $A^H A$，AA^H 的特征值都是非负实数；

2）矩阵 $A^H A$ 与 AA^H 的非零特征值都相同。

证明：

1）设 $\boldsymbol{\alpha} \in \boldsymbol{C}^n$，为 $A^H A$ 的特征值 λ 所对应的特征向量，

则 $A^H A$ 是 Hermite 矩阵，

$\therefore \lambda$ 是实数；

并且 $0 \leqslant (A\boldsymbol{\alpha}, \, A\boldsymbol{\alpha}) = (\boldsymbol{\alpha}, \, A^H A\boldsymbol{\alpha}) = (\boldsymbol{\alpha}, \, \lambda\boldsymbol{\alpha}) = \lambda(\boldsymbol{\alpha}, \, \boldsymbol{\alpha})$，

$\because \boldsymbol{\alpha} \neq 0$，

$\therefore \lambda \geqslant 0$。

同理可证，AA^H 的特征值也是非负实数。

2）将 $A^H A$ 的特征值按顺序记为

$\lambda_1 \geqslant \lambda_2 \geqslant \cdots \geqslant \lambda_r > \lambda_{r+1} = \lambda_{r+2} = \cdots = \lambda_n = 0$，

设 $\boldsymbol{\alpha}_i \in \boldsymbol{C}^n (i = 1, 2, \cdots, r)$ 为 $A^H A$ 的非零特征值 $\lambda_i (i = 1, 2, \cdots, r)$ 所对应的特征向量，

则由 $A^H A \boldsymbol{\alpha}_i = \lambda_i \boldsymbol{\alpha}_i (i = 1, 2, \cdots, r)$，

有 $(AA^H) A\boldsymbol{\alpha}_i = \lambda_i A\boldsymbol{\alpha}_i (i = 1, 2, \cdots, r)$，

$\because A\boldsymbol{\alpha}_i$ 是非零向量，

$\therefore \lambda_i$ 也是 AA^H 的非零特征值；

同理可证，AA^H 的非零特征值也是 $A^H A$ 的非零特征值。

以下证明 AA^H 与 $A^H A$ 的非零特征值完全相同，这只要证明 AA^H 与 $A^H A$ 的非零特征值的代数重数相同即可。

设 $y_1, y_2, \cdots, y_p$ 为 $A^H A$ 对应于非零特征值 λ 的线性无关的特征向量，因为 $A^H A$ 是 Hermite 矩阵，也就是说 $A^H A$ 既是正规矩阵，它是单纯矩阵。

$\therefore p$ 就是非零特征值 λ 的代数重数。

而 Ay_i 也是 AA^H 对应于非零特征值 λ_i 的特征向量 $(i = 1, 2, \cdots, p)$。

而这些向量线性无关，这是因为：

若 $A(y_1, y_2, \cdots, y_p) K = k_1 Ay_1 + k_2 Ay_2 + \cdots + k_p Ay_p = 0$，

则 $A^H A(y_1, y_2, \cdots, y_p) K = 0$，即 $\lambda(y_1, y_2, \cdots, y_p)K = 0$；

由于 $\lambda \neq 0$，

$\therefore (y_1, y_2, \cdots, y_p) K = 0$，但 $y_1, y_2, \cdots, y_p$ 线性无关，所以 $K = 0$。

$\therefore \lambda$ 也是 AA^H 的 p 重非零特征值。

对于 Hermite 矩阵 A，存在酉矩阵 U，使得

$U^H AU = \mathrm{diag}(\lambda_1, \cdots, \lambda_r, \lambda_{r+1}, \cdots, \lambda_n)$。

其中：$\lambda_1, \cdots, \lambda_r, \lambda_{r+1}, \cdots, \lambda_n$ 是 A 的特征值。

假定 $\lambda_1, \cdots, \lambda_r$ 是 A 的非零特征值，将 U 分块成

$U = (U_1 \quad U_2)$，$U_1 \in \boldsymbol{C}^{n \times r}$，$U_2 \in \boldsymbol{C}^{n \times (n-r)}$，

则

$A = U_1 \mathrm{diag}(\lambda_1, \cdots, \lambda_r) U_1^H$。

称上式为 Hermite 矩阵 A 的谱分解。

定理 6.2 设 A 、 B 是 $m \times n$ 复矩阵，若 A 与 B 酉等价，则它们有相同的正奇异值。

证明：

$\because A$ 与 B 酉等价，即存在 m 阶酉矩阵 U 与 n 阶酉矩阵 V ，使得 $A = UBV$ ，由有酉矩阵的性质可知：

$U^{\mathrm{H}} = U^{-1}$ ， $V^{\mathrm{H}} = V^{-1}$ ，

$\therefore A^{\mathrm{H}} = V^{\mathrm{H}} B^{\mathrm{H}} U^{\mathrm{H}} = V^{-1} B^{\mathrm{H}} U^{-1}$ ，

则： $AA^{\mathrm{H}} = UBVV^{-1} B^{\mathrm{H}} U^{-1} = U（BB^{\mathrm{H}}）U^{-1}$

即： AA^{H} 与 BB^{H} 酉相似。

$\therefore AA^{\mathrm{H}}$ 与 BB^{H} 有相同的特征值，即有相同的正奇异值。

定理 6.3 （奇异值分解定理）设 A 是秩为 r 的 $m \times n$ 复矩阵，则存在 m 阶酉矩阵 U ， n 阶酉矩阵 V ，使得 $A = U \begin{pmatrix} \Sigma & 0 \\ 0 & 0 \end{pmatrix} V^{\mathrm{H}}$ 。

其中：

$\Sigma = \mathrm{diag}（\delta_1, \delta_2, \cdots, \delta_r）, |\delta_i| = \sigma_i(i = 1, 2, \cdots, r), \delta_i \in C, \sigma_i(i = 1, 2, \cdots, r)$ 是矩阵 A 的正奇异值。

证明：

记 AA^{H} 的特征值为

$\lambda_1 \geqslant \lambda_2 \geqslant \cdots \geqslant \lambda_r > \lambda_{r+1} = \lambda_{r+2} = \cdots = \lambda_m = 0$ ，

则存在 m 阶酉矩阵 U ，使得

$$U^{\mathrm{H}}（AA^{\mathrm{H}}）U = \begin{pmatrix} \lambda_1 & & \\ & \ddots & \\ & & \lambda_n \end{pmatrix} = \begin{pmatrix} \Sigma^2 & 0 \\ 0 & 0 \end{pmatrix}$$

将 U 分块为

$U = (U_1 \quad U_2), U_1 \in C^{m \times r}, U_2 \in C^{m \times (m-r)}$ 。

则有：

$$U（AA^{\mathrm{H}}）= (AA^{\mathrm{H}}U_1 \quad AA^{\mathrm{H}}U_2) = (U_1 \quad U_2)\begin{pmatrix} \Sigma^2 & 0 \\ 0 & 0 \end{pmatrix} = (U_1\Sigma^2 \quad 0)$$

$\therefore U_1^{\mathrm{H}} AA^{\mathrm{H}} U_1 = U_1^{\mathrm{H}} U_1 \Sigma^2 = \Sigma^2, U_2 AA^{\mathrm{H}} U_2 = 0$ 。

由此可得

$A^{\mathrm{H}} U_2 = 0$ 。令 $V_1 = A^{\mathrm{H}} U_1（\Sigma^{-1}）$ ，

则：

$V_1^{\mathrm{H}} V_1 = E_r$ ，

即 $V_1=(v_1, \cdots, v_r)$ 的 r 列是两两正交的单位向量。

添加 $n-r$ 单位向量 $v_{r+1}, \cdots, v_n$，使 $v_1, \cdots, v_r, v_{r+1}, \cdots, v_n$ 成为 C^n 的标准正交基，则：

$V=(v_1, \cdots, v_r, v_{r+1}, \cdots, v_n)$ 是 n 阶酉矩阵。

记 $V_2=(v_{r+1}, \cdots, v_n)$，则 $U_2^H U_1=0$。

$$V^H A^H U = V^H \begin{pmatrix} A^H U_1 & A^H U_2 \end{pmatrix}$$
$$= \begin{pmatrix} V_1^H \\ V_2^H \end{pmatrix} \begin{pmatrix} V_1 \Sigma & 0 \end{pmatrix}$$
$$= \begin{pmatrix} \Sigma & 0 \\ 0 & 0 \end{pmatrix}$$

$\therefore A = U \begin{pmatrix} \Sigma & 0 \\ 0 & 0 \end{pmatrix} V^H$。

由定理6.3有：

$$A^H A = V \begin{pmatrix} \Sigma^2 & 0 \\ 0 & 0 \end{pmatrix} V^H$$

$\therefore v_j$ 是 $A^H A$ 的对应于特征值 λ_j 的单位特征向量。

可以验证，$U_1 = A V_1 \Sigma^{-1}$。

$\therefore A = U \begin{pmatrix} \Sigma & 0 \\ 0 & 0 \end{pmatrix} V^H = U_1 \Sigma V_1^H$，

$\therefore$ 称 $U_1 \Sigma V_1^H$ 为 A 的奇异值分解。

6.3 水印的嵌入算法

假设：公开的载体图像 Z 是大小为 $M \times N$ 的灰度图像，它可以用下面的式子来表示：

$$Z = \{Z_{i,j} (1 \leqslant i \leqslant M, \ 1 \leqslant j \leqslant N)\} \tag{6-1}$$

又假设：秘密水印图像 W 是大小为 $m \times n$ 的二值图像，它可以用下面的公式来表示：

$$W = \{W_{i,j} (1 \leqslant i \leqslant m, \ 1 \leqslant j \leqslant n)\} \tag{6-2}$$

其中 $m \leqslant M/3$，$n \leqslant N/3$。

算法框架如图6-1所示。

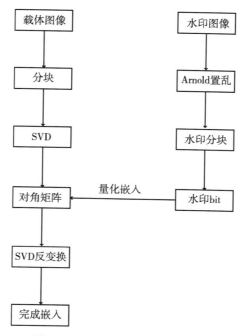

图6-1　秘密水印信息的嵌入过程

步骤1：水印图像的置乱变换。

将水印嵌入载体图像Z之前，先对水印信号进行置乱处理。从本质上说，置乱变换也是一种加密技术，即使攻击者从载体图像中提取出了水印信息，如果不知道所用的置乱算法，仍然无法恢复出原始的水印图像，因此该方法具有很高的安全性[124]。本书算法采用的是Arnold变换将水印图像置乱，变换公式如下。

定义6.3 假设(x, y)是单位正方形上的点，将其变换到另一点(x', y')的变换为

$$\begin{pmatrix} x' \\ y' \end{pmatrix} = \begin{pmatrix} 1 & 1 \\ 1 & 2 \end{pmatrix} \begin{pmatrix} x \\ y \end{pmatrix} \quad (\bmod\ 1) \tag{6-3}$$

此变换称为二维Arnold变换，简称Arnold变换。由于数字图像的需要，把以上的二维Arnold变换改为

$$\begin{pmatrix} x' \\ y' \end{pmatrix} = \begin{pmatrix} 1 & 1 \\ 1 & 2 \end{pmatrix} \begin{pmatrix} x \\ y \end{pmatrix} \quad (\bmod\ N) \tag{6-4}$$

其中：$x, y \in \{0, 1, 2, \cdots, N-1\}$，$N$为图像矩阵的阶数；左边$(x', y')^\mathrm{T}$为输出；右边$(x, y)^\mathrm{T}$为输入。

步骤2：将置乱之后的水印分解为3×3的子块序列$w_{i,j}$，具体如下：

$$w_{i,j} = \begin{pmatrix} w_{11} & w_{12} & w_{13} \\ w_{21} & w_{22} & w_{23} \\ w_{31} & w_{32} & w_{33} \end{pmatrix} \tag{6-5}$$

其中：$1 \leq i \leq m/3$，$1 \leq j \leq n/3$

步骤3：将载体图像 $Z_{M \times N}$ 分解为 9×9 的子块序列 $z_{i,j}$，具体如下：

$$z_{i,j} = \begin{pmatrix} z_{11} & \cdots & z_{19} \\ \vdots & \ddots & \vdots \\ z_{91} & \cdots & z_{99} \end{pmatrix} \tag{6-6}$$

其中：$1 \leq i \leq M/3$，$1 \leq j \leq N/3$

步骤4：对载体图像的各个子块做奇异值分解，得到其对角矩阵。

奇异值分解作为一种有效的信号处理方法，其优异的稳定性使得它在水印领域有广泛的应用前景。奇异值分解具有行列互换不变、旋转不变、转置不变、镜像不变等重要特征[125, 126]。经过奇异值分解后，得到与子块大小相同的2个正交矩阵和1个对角矩阵，分解过程如下：

$$z_{i,j} = U_{i,j} \times S_{i,j} \times V_{i,j} \tag{6-7}$$

其中：$U_{i,j}$ 和 $V_{i,j}$ 是 9×9 的正交矩阵，$S_{i,j}$ 是对角矩阵，则有：

$$S_{i,j} = \begin{pmatrix} s_{1,1} & 0 & \cdots & 0 \\ 0 & s_{2,2} & \cdots & 0 \\ \vdots & \vdots & \ddots & \vdots \\ 0 & 0 & \cdots & s_{9,9} \end{pmatrix} = \begin{pmatrix} \sigma_1 & 0 & \cdots & 0 \\ 0 & \sigma_2 & \cdots & 0 \\ \vdots & \vdots & \ddots & \vdots \\ 0 & 0 & \cdots & \sigma_9 \end{pmatrix} \tag{6-8}$$

步骤5：嵌入水印信息。

采用图6-1所示的量化方法，在对角矩阵中嵌入水印信息，得到嵌入水印后的对角矩阵 $S'_{i,j}$。

步骤6：将嵌入水印后的对角矩阵 $S'_{i,j}$，正交矩阵 $U_{i,j}$ 和 $V_{i,j}$ 进行如下变换：

$$z'_{i,j} = U_{i,j} \times S'_{i,j} \times V^{T}_{i,j} \tag{6-9}$$

其中：$V^{T}_{i,j}$ 是 $V_{i,j}$ 的转置矩阵。

这样，就得到了嵌入水印图像后的 $z'_{i,j}$，再将 $z'_{i,j}$ 重新拼合起来，得到嵌入水印后的载体图像 Z'。

6.4 水印的提取算法

提取水印的过程如图6-2所示，它是嵌入水印的逆过程，具体步骤如下。

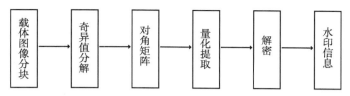

图 6-2　秘密水印信息的提取过程

步骤 1：图像的分块。

将嵌入水印后的混合图像 Z' 按照式（6-6）划分为 9×9 的子块图像序列。

步骤 2：奇异值分解。

按照式（6-7）对各个子块图像做奇异值分解，得到和原子块大小相同的 2 个正交矩阵序列 $U''_{i,j}$，$V''_{i,j}$ 和对角矩阵 $S''_{i,j}$。

步骤 3：采用量化的方法，从 $S''_{i,j}$ 序列中提取水印。

如果对角矩阵中的系数处于 A 区间，则代表秘密水印信息 "1"；

如果对角矩阵中的系数处于 B 区间，则代表秘密水印信息 "0"，具体公式如下：

$$w''_{i,j} = \begin{cases} 1 & (\sigma_i \in A\text{区间}) \\ 0 & (\sigma_i \in B\text{区间}) \end{cases} \tag{6-10}$$

其中：$w''_{i,j}$ 表示提取出来的二进制水印信息；σ_i 表示对角矩阵的系数。

步骤 4：将所有 $w''_{i,j}$ 拼合起来，得到 $W''_{i,j}$；

步骤 5：根据置乱密钥，将提取出的信息进行解密，得到所需的水印信息。

由此可见，本算法在提取水印时不需要原始载体图像，因此它是一种盲提取算法。

6.5 实验结果及分析

为客观评价本算法的性能，除了水印图像本身所具有的可视性外，还采用归一化相关值 NC 来衡量提取出的水印图像和原始水印图像的相似度。NC 定义如下：

$$\text{NC} = \frac{\sum_i \sum_j w''_{i,j} \times w_{i,j}}{\sqrt{\sum_i \sum_j w_{i,j}^2} * \sqrt{\sum_i \sum_j (w''_{i,j})^2}} \tag{6-11}$$

其中：$w''_{i,j}$ 表示提取出来的水印的比特值；$w_{i,j}$ 表示原始水印信息的比特值。

本实验的载体图像使用 256 级的灰度图，这些图像包括：Lena、Peppers 和 Trunck；大小均为 512×512；以 32×32 的二值图像作为水印图像进行实验。实验中，原始载体图像被分为 2048 个 8×8 的子块。

6.5.1 基本实验

以 Lena 图像为例，在无攻击的情况下，嵌入水印前、后的载体图像分别如图 6-3、6-4 所示。由两图可见，嵌入水印对载体图像的影响是相当小的，即算法具有很好的不可见性，这也体现了 SVD 的特性。原始水印图像及提取的水印图像如图 6-5 所示，它可以无误码地提取水印信息，这说明了该算法的有效性。

图6-3　嵌入水印前的载体图像

图6-4　嵌入水印后的载体图像

（a）原始的水印图像　　　　　　　　　　　（b）提取出来的水印图像

图6-5　水印提取实验结果

6.5.2 鲁棒性实验

鲁棒性是数字水印的一个重要技术指标[127]，数字图像在网络上被大量传输时，它可能受到各种方式的攻击，侵权者总是试图篡改或除去水印信息[128]。为了测试算法的鲁棒性，本文设计了如下几种攻击实验，每种攻击实验都分别使用了Lena、Peppers和Trunck作为载体图像来进行测试：

1.JPEG压缩攻击

分别采用不同的质量系数对含有水印信息的载体图像进行JPEG压缩攻击，然后提取出水印，得到的结果见表6-1。

表6-1 JPEG压缩攻击下的归一化相关值

质量系数Q（%）	Lena	Truck	Peppers
10	0.6466	0.4791	0.6501
20	0.7871	0.6334	0.6706
40	0.8381	0.7984	0.7768
60	0.9527	0.9139	0.9247
80	0.9804	0.9347	0.9819

2.旋转攻击

分别对对含水印信息的载体图像Lena、Truck、Peppers进行不同角度的旋转攻击，然后提取水印，得到的结果见表6-2。

表6-2 旋转攻击下的归一化相关值

角度（°）	Lena	Truck	Peppers
10	0.9804	0.9347	0.9819
15	0.9527	0.9139	0.9247
20	0.9381	0.8284	0.9068
25	0.8871	0.8134	0.8706
30	0.7066	0.4791	0.6501

3.噪声干扰

加入高斯白噪声，均值为0，方差分别为0.002、0.004、0.006、0.008、0.010，实验结果如图6-6所示。

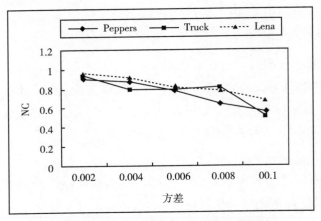

图6-6　噪声攻击下的归一化相关值

4.剪切攻击

测试1：将含水印图像的左上1/8剪裁掉，然后提取水印。效果如图6-7和图6-8所示。

图6-7　剪切后的含水印图像
（左上角剪切1/8）

图6-8　剪切后提取出来的水印
（归一化相关值NC=0.9361）

测试2：将含水印图像的右上角剪掉1/4，然后提取水印。效果如图6-9和图6-10所示。

图6-9 剪切后的含水印图像

（右上角剪切1/4）

图6-10 剪切后提取出来的水印

（归一化相关值NC=0.8936）

5.缩放攻击：分别对混合图像进行缩小1/2，1/4，放大2倍、4倍的攻击，然后进行水印提取实验，得到的结果如图6-11~图6-14所示。

图6-11 缩小0.5以后提取出来的水印

（归一化相关值NC=0.9132）

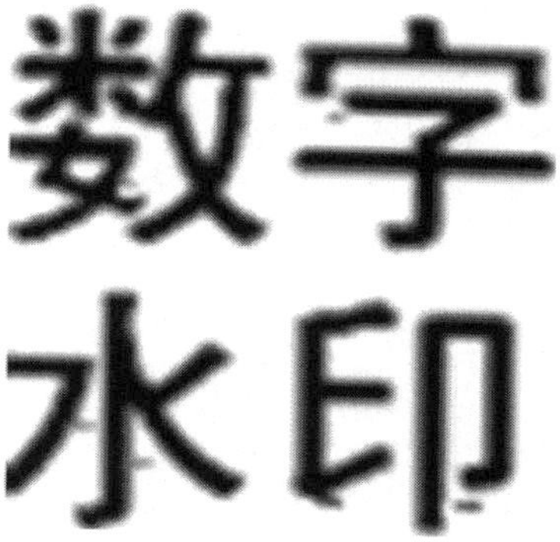

图6-12 缩小0.25以后提取出来的水印

（归一化相关值NC=0.9739）

图6-13 放大2倍以后提取出来的水印

（归一化相关值NC=0.9657）

图6-14 放大4倍以后提取出来的水印

（归一化相关值NC=0.9412）

6.6 小结

本章提出了一种基于块奇异值分解的量化水印算法，该算法将载体图像划分为9×9的子块图像，并对每个子块做奇异值分解，然后通过对分解后得到的对角矩阵进行量化的方法嵌入水印。该算法充分利用了奇异值分解的特性，具有很好的不可见性。同时算法的复杂度低，对JPEG压缩、高斯噪声、旋转、缩放、剪切等攻击具有很好的鲁棒性。提取出来的水印图像的位错误率较小，视觉效果良好。

第7章 基于LSB的鲁棒音频水印算法

7.1 引言

数字水印技术是将一些标识信息（即数字水印）直接嵌入数字载体中（包括多媒体、文档等），但不影响原载体的使用价值，也不容易被人的知觉系统（如视觉或听觉系统）觉察或注意到。通过这些隐藏在载体中的信息，可以达到确认内容创建者、购买者，传送隐秘信息或者判断载体是否被篡改等目的。近年，在音频文件中隐藏水印信息的技术得到了很大的发展，也出现了很多解决方案[141]。以音频为载体嵌入秘密水印信息，要比以图像或者视频为载体嵌入秘密水印信息复杂得多。其中的原因主要有两个：第一，人类的听觉系统（Human Auditory System，HAS）对随机噪声十分敏感，从听觉上实现无法察觉要比视觉上困难很多；第二，大量的音频编辑工具可修改载体音频的结构，从而对秘密水印信息构成巨大的威胁。

最低有效位（Least Significant Bit，LSB）算法是出现较早的一种时/空域水印技术[142, 143]。由于所有的水印信息都可以看成二进制数据流，而音频文件的每个采样数据也可以看成二进制数。这样就可以用水印的二进制位来替换载体音频的最不重要位（一般是最低位），从而达到在音频载体中隐藏秘密信息的目的[144-149]。为了提高经典LSB水印算法的嵌入容量和鲁棒性，陆续出现了许多有效的改进算法，如BPCS、PVD、MBNS、基于小波对比度的算法等。倪明等将端点检测的能量和滑动窗口引入到算法中，提出了一种能抵抗统计检测攻击的算法。该算法既保证了可观的嵌入容量，又使嵌入的水印信息分散在多个载体采样点中，这类似于扩频的作用，从而具有很高的安全性[150]。韩杰思等提出了一种能够抵抗Sample Pair Analysis攻击的盲提取算法。该算法没有采用传统的LSB方法，而是采用了如下算法：如果水印信息与嵌入位置的像素相等，则将其加2（或减2）；如果不同，则将像素值加1（或者减1）。在提取水印信息时，如果像素是奇数，则提取1；反之提取0[151]。王璇等针对LSB水印算法比较容易实现，但抗攻击能力较差的问题，通过提高水印的嵌入位置，进行了改进[152]。本章提出了一种基于

Logistic 混沌映射和 LSB 的音频盲水印算法，算法在保证隐藏容量的情况下，进一步提高了抗攻击能力。

7.2 LSB数字水印技术

7.2.1 LSB算法

LSB算法是一种典型的空间域信息隐藏算法，是基于位平面的水印算法。LSB算法使用特定的密钥通过m序列发生器产生随机信号，然后按一定的规则排列成二维水印信号，并逐一插入到原始图像相应像素值的最低几位。由于水印信号隐藏在最低位，相当于叠加了一个能量微弱的信号，因而在视觉和听觉上很难察觉。LSB水印的检测是通过待测图像与水印图像的相关运算和统计决策实现的。

LSB算法可以隐藏较多的信息，但鲁棒性较差。不过，作为一种大数据量的信息隐藏方法，LSB算法在隐蔽通信中仍占据着相当重要的地位。

7.2.2 最低有效位

在计算机技术中，最小的单位是比特位，最常用的单位是字节，表示一个字节的示意图如图7-1所示。

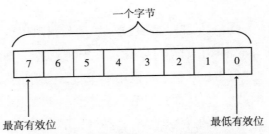

图7-1　字节中的最高有效位与最低有效位

按进位制计算法的习惯，从左到右依次为第8位，第7位，…，第1位，任何一个整数N可表示为式（7-1）

$$N=b_7\times2^7+b_6\times2^6+b_5\times2^5+b_4\times2^4+b_3\times2^3+b_2\times2^2+b_1\times2^1+b_0\times2^0 \qquad (7-1)$$

其中：b_i表示字节的第i位的值0或1。

可以看出，最低位由原来的0变成1或由原来的1变成0，N的值将会平均改变$2^0/2^8$=1/256=0.39%。但是，若最高位由原来的0变成1或由原来的1变成0，那么N的值将会平均改变$2^7/2^8$=128/256=1/2=50%。由于最低位对字节的值的影响很小，称为最低有效位，最高位对字节的值的影响很大，称为最高有效位。图7-2

表示了使用LSB算法嵌入水印信息的实例。

典型数字水印的空域算法是将信息嵌入到图像点中最不重要的像素位上，再通过记录提取这些信息来检测水印，这种方法具有算法简单、速度快、容易实现等特性，已受到人们高度重视，但是，LSB算法具有压缩、滤波及旋转等图像处理稳健性差的缺点。下面的算法对传统的LSB算法进行了一定的改进，从而克服了鲁棒性差的缺点。

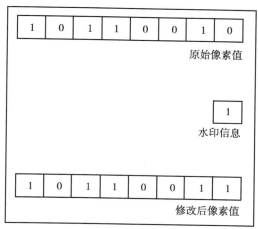

图7-2 LSB嵌入水印信息实例图

7.3 水印信息的嵌入算法

步骤1：对秘密水印信息进行一维Logistic混沌加密处理。

初始值取x_0，通过式（7-1），对秘密的水印信息进行混沌调制，得到混沌加密后的水印信息$m(i)$。

步骤2：对公开的载体语音进行离散小波变换。

对公开的载体语音进行分段处理，假设每段的长度为L，然后对每个音频段以小波基db1作一级离散小波变换，得到低频部分$D(k)$，高频部分$G(k)$，高频和低频的长度分别为0.5L。

步骤3：嵌入秘密的水印信息。

对小波系数进行LSB替换，并对较大的系数值进行最小误差修正（Minimum-Error Replacement，MER），依次将秘密信息嵌入在小波系数中。具体如下：

假设公开载体语音为p；利用LSB直接替换第k位后，得到的音频文件记作p_1；将音频文件从$k+1$位到最后一位取反，得到的音频数据记为p_2。

假设：

p 与 p_1 的差异，记为 $C_{01}(n)$；

p 与 p_2 的差异，记为 $C_{02}(n)$。

如果 $C_{01}(n) < C_{02}(n)$，则用 p_1 替换此处的原始音频，否则用 p_2 替换。

步骤4：生成含有水印信息的混合语音。

对修改后的小波系数做离散小波逆变换（IDWT），从而进行原始语音的重构，则：

$$H(k) = \text{IDWT}\big[D(k), G'(k)\big] \quad 0 \leqslant k \leqslant M \qquad (7-2)$$

7.4 水印信息的提取算法

步骤1：对嵌入秘密水印信息后的混合语音 H 做DWT变换。

首先对混合语音 $H(k)$ 分段，然后对其做一级离散小波变换，则第 k 个音频段的结果为：

$$[d(k), g(k)] = \{\text{DWT}(H(k))\} \qquad (7-3)$$

步骤2：根据在小波系数上最开始LSB嵌入的位置提取出秘密信息 SC′。

步骤3：将提出来的信息 SC′ 用混沌序列解调。

由此可见，本书提取秘密水印信息时不需要原始的公开语音信号 p，因此它是一种盲提取算法。

7.5 实验结果及分析

7.5.1 透明性实验

实验条件：秘密的水印图像如图7-4所示，公开的载体语音是名为"让我们荡起双桨"的儿歌，其长度为53s，16位量化，采样的频率是44.1kHz。嵌入时，Logistic混沌序列的初始值 $x_0 = 0.2532$，参数 $\mu = 3.9786$，载体语音的分段长度取101。分段的长度为奇数，是为了避免比例值等于0.5，减小误判概率。

在无攻击的情况下，嵌入水印信息前后，原始载体语音的波形如图7-3所示；原始水印信息以及提取的水印信息如图7-4所示。

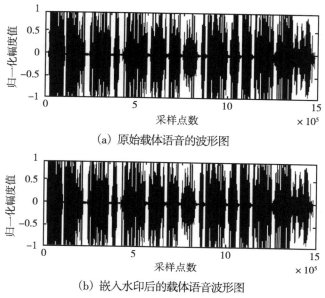

（a）原始载体语音的波形图

（b）嵌入水印后的载体语音波形图

图7-3 嵌入水印信息前后的载体语音

（a）原始水印图像 　　　　　（b）提取出来的水印图像

图7-4 原始水印和提取出的水印比较图

从实验结果可以看出：本算法能很好地从公开的载体语音里提取出秘密的水印图像。通过试听，嵌入秘密水印图像以后的混合语音与原始的公开载体语音几乎无差别，因而该算法能满足嵌入水印后的"透明性"要求，使得攻击者无法感知到混合语音里面已经嵌入了秘密的水印信息。

同时，一维Logistic映射的初始值x_0对提取结果的影响很大，具体见表7-1。从上面的实验结果可以看出：即使一维Logistic映射的初始值x_0变化很小，在经过一定长度的迭代运算以后，输出的两个Logistic混沌序列区别很大，从而不能很好地提取出秘密的水印图像，这显然是符合柯克霍夫原则的，从而确保了水印图像的安全性。

表7-1　混沌序列具有不同初始值时的提取误码率

初始值 x_0	提取水印的BER(%)
0.2500850	37.22
0.2500900	37.43
0.250950	0.049
0.250100	37.13
0.250150	39.56
0.250200	41.62

7.5.2 攻击实验

为了测试该算法对抗攻击的能力，设计了如下几组攻击实验，具体结果如下（表7-2）。

1.低通滤波攻击

将嵌入水印信息后的混合语音经过2.5kHz的低通滤波器，此时提取出的水印和原始的水印相比较，其BER仅仅为0.112%，这说明经过该攻击后，仍然保持了很高的恢复率。

2.抗压缩攻击

将嵌入秘密水印后的混合语音进行MP3压缩实验，压缩到256kb/s，此时提取出来的水印图像的位错误率为1.615%，这说明本算法能很好地抵抗压缩攻击。

3.重新采样攻击

把嵌入秘密水印后的混合语音的采样频率从44.1kHz变为22.05kHz，然后再重采样为44.1kHz。提取出来的水印信息的位错误率为0.074%。

（4）重新量化攻击

先将隐藏音频从16bits量化为8比特位，再量化为16bits。提取出来的水印信息的位错误率为13.243%。这说明该算法抗重新量化攻击的能力还有待提高。

表7-2　算法鲁棒性测试结果

攻击方式	提取的秘密水印的BER	混合语音的SNR
低通滤波	0.112%	35.2201
MP3压缩	1.615%	34.3709
重新采样	0.074%	36.0322
重新量化	13.243	29.3317

5.裁剪攻击

对含有秘密水印信息的混合载体语音进行裁剪，然后测试提取秘密水印信息的情况。图7-5~图7-10分别给出了对混合载体语音进行不同裁剪情况下的测试结果。

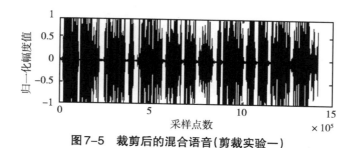

图7-5 裁剪后的混合语音（剪裁实验一）

图7-6 提取的水印图像（剪裁实验一）

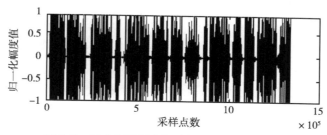

图7-7 裁剪后的混合语音（剪裁实验二）

图7-8 提取的水印图像（剪裁实验二）

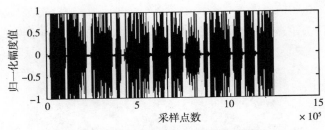

图7-9 裁剪后的混合语音(剪裁实验三)

图7-10 提取的水印图像(剪裁实验三)

实验结果表明:

(1) 本算法对于重新采样攻击、压缩攻击和低通滤波攻击的鲁棒性较好。恢复的编码序列位错误率和没有进行攻击时相近,听觉质量良好,同时,隐藏秘密语音后的混合语音的听觉质量良好。

(2) 重新量化攻击对于保密语音的恢复有较大的影响,见表7-2,其恢复语音的位错误率较高,隐藏语音听觉质量下降明显,容易引起攻击者的怀疑。

(3) 通过比较原图与裁剪后提取出来的秘密水印信息,可以看出对于抗裁剪有较好的性能。

7.6 结论

本章在仿真实验的基础上,提出了一种改进的LSB音频水印算法。该算法充分利用了小波多分辨率的特点,将图像水印嵌入公开的载体语音中。实验结果表明,在没有攻击的情况下,含有秘密水印信息的语音不仅具有非常高的质量,而且能准确提取出完整的水印图像;然后在此基础上,重点研究了在低通滤波攻击、抗压缩攻击、重新采样攻击、重新量化攻击、裁剪攻击等情况下的鲁棒性。音频信号仿真波形图可以证明该算法具有较好的透明性；从提取的水印图和实验的数据也可以看出，与传统的LSB算法相比，本算法的鲁棒性有较大的提高。此外，由于水印信息经混沌序列调制而成，这就保证了攻击者必须具有混沌序列初始值和解码算法才能正确还原出秘密的水印信息，这无形中增加了提取的难度，从而大大提高了水印信息的安全性。

第8章　完整性认证——脆弱水印

8.1 引言

　　脆弱水印技术是隐蔽通信与传统密码学相结合的产物，涉及通信理论、图像处理技术、密码学等方面的理论，是一项交叉性很强的技术。它主要负责对图像的精确认证，是图像认证水印技术一个重要的分支。脆弱水印算法可以对图像内容或内容源篡改精确定位；可恢复脆弱水印算法既能对图像内容或者内容源进行篡改定位，又能恢复被篡改的内容；还有一种可逆的脆弱水印，完成对含水印图像的认证过程后，可对图像进行无损的恢复处理，除去图像中的水印信息。图像脆弱水印系统的一般框架如图8-1所示。本章在脆弱水印技术的基本上，设计了一种完全脆弱水印算法，并进行了仿真实验。

8.1.1 脆弱水印的研究背景及意义

　　脆弱水印又称完全脆弱性水印，它是一种要求对图像的内容变化具有极高敏感性的水印技术。它最基本的任务是水印能够检测出任何对图像像素值改变的操作或图像完整性的破坏操作，即图像中有一个比特的信息被改变，认证都将无法通过，如在医学上，由于图像的一点点改动都可能会影响最后的诊断结果，因此要求嵌入的水印就应当属于完全脆弱性水印。

　　脆弱水印是在水印技术发展的过程中，为应对当前复杂的网络环境与迅速发展的图像处理技术而衍生出的一种较新的水印算法。与其相关的概念于1994年才首次提出，而直到1997年才真正地引起研究领域的关注。目前对脆弱水印的研究仍然处于初期阶段，虽然有一些经典算法的发表，但与其他传统的水印算法相比，脆弱水印的研究关注度不高，这也使得其在应用上得不到大量推广。可喜的是，因脆弱水印在图像认证领域杰出的表现与其不可替代的地位，对其关注度不断地上升。现在已经有一些权威的国家机构与国际知名的大学开始开展或支持对脆弱水印的研究工作。随着图像处理技术与信息安全技术的发展，脆弱水印的研究面也会不断地拓宽，其应用领域也将增多。

脆弱水印认证系统还存在一个潜在的严重缺陷：即使以一种可控的方式嵌入水印，也必定会或多或少地改变原作品。而在一些应用中，任何微小的改变都是不允许的。例如，用作法庭证据的文本信息改变几个字符（仅涉及几个比特）也会改变证据的性质。因此在一定场合下脆弱水印必须以一种能完全去除的方式嵌入，且在认证过程中逐个比特地恢复出原作的原貌。这种可擦除的脆弱水印值得进一步探讨。

8.1.2 脆弱水印技术的基本框架

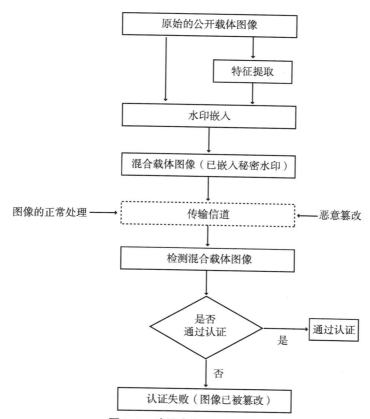

图8-1 脆弱水印系统框架图

8.1.3 脆弱水印系统的设计要求

在实际应用场合，一个脆弱水印系统应该满足如下的设计要求。

1.盲检测

一方面，原始的载体图像在网上传输不仅会消耗大量宝贵的带宽，而且会严重危害到它自身的安全；另一方面，在许多应用场合，原始的载体图像是无法得到的。例如，可信赖的数码相机为保证照片的真实性往往会在拍摄成像时自动嵌入水印信息，否则无法实现真实性的鉴定。所以在设计脆弱水印时，必须保证水印在提取和认证检测时不需要原始载体信息的参与，即达到盲提取的要求。

2.篡改定位

在评价脆弱水印算法的篡改定位能力时，往往需要看其定位的精度，对篡改种类的判断等。现在有些脆弱水印算法，不仅能够定位出篡改的具体位置，还能修复被篡改的内容。

3.更高的安全性

脆弱性水印与鲁棒性水印最大的区别是：脆弱性水印对各种攻击保持着高度的敏感性，它主要应用于对各种重要数据的精确认证，如用于法庭举证的图片、视频等。在这种场合下，脆弱水印的安全性就成为非常重要的问题。为了增加水印的安全性，很多研究者采用对水印信息加密的方式，利用一个控制水印信息的密钥来保证水印不被攻击者获取。密钥的选择方式有很多种，根据载体图像的特征选择最合适的控制密钥能大大提高水印的安全性。

4.不可感知性

脆弱水印最初主要用在医学图像、军队、法庭证据等领域，这些领域对图像内容真实性要求都非常高。这就要求在原始载体图像中嵌入水印后，对原始载体图像的影响降到最低。图像的失真程度应该比较小，即人眼的视觉范围内应感觉不到图像质量的下降。

5.更强的敏感性

基于完全脆弱水印的认证系统要求能够检测出针对秘密水印信息的篡改攻击。它不能容忍对水印信息的任何修改，对任何篡改都具有很高的敏感性。

8.1.4 完全脆弱水印所受到的攻击

完全脆弱水印认证系统最需要抵抗的是试图篡改图像的内容却不损坏水印信息的"伪认证"攻击，为保证认证水印嵌入时的安全性，通常使用密码算法或密钥，使攻击者无法提取水印信息，但当同一密钥嵌入多幅图像后，攻击者会对这些数字图像进行大量分析，破译密钥，进而对图像进行恶意篡改操作，对完全脆弱水印认证系统的攻击主要有以下3种：

1.重新嵌入水印

重新嵌入水印攻击又分为两种：第一种是攻击者先破译水印的嵌入方法，然后在含有秘密水印的载体上重新嵌入自己的水印；第二种是由于使用特定的设备嵌入水印造成的，如一些数字相机在摄取图像数据后会自动生成含有水印的图像，攻击者将篡改后的图像重新用数字相机摄入就可以实现对系统的攻击。

2.搜索攻击

攻击者利用水印检测器对嵌入水印后的图像进行强力搜索，从中寻找出水印存在的规律，然后对图像进行篡改，最后将篡改后的图像送入检测器，直到通过认证为止。这种攻击方式对块内容认证和样本认证效果显著，因为篡改者对这两种认证方式搜索的空间相对较小，篡改者可以分别对图像的每个块进行独立的搜索，得到需篡改的信息。

3.拼贴攻击

攻击者首先搜集多幅图像，这些图像采用同一方案嵌入了水印信息，然后在保持图像块相对位置的同时，将属于不同图像的图像块拼接起来形成新的篡改图像。例如，Holliman提出的VQ攻击算法，这类水印嵌入图像后，每个含水印的图像块只与原图像块、密钥和嵌入的水印有关，称为块独立。攻击者只要把多幅含水印的图像块进行等价类分类，并在不同等价类挑选信息就可拼凑成新图，这个伪造的新图就可逃避篡改检测。

8.2 基于边缘特征的完全脆弱水印算法

图像边缘检测和分析是指使用一系列的方法来获取、校正、增强、变换、检测或压缩可视图像的技术。其目的是提高信息的相对质量，以便提取有用信息。图像边缘检测中的变换属于图像输入与输出模式，图像边缘检测是一种超越具体应用的过程，任何为解决某一特殊问题而开发的图像边缘检测新技术或新方法，几乎肯定都能找到其他完全不同的应用领域。

图像边缘检测的主要研究如下内容。

（1）图像增强和复原：用于改进图像的质量。不同的增强技术可以用于不同的目的，这取决于应用的类型。如果打算直接观察图像，可以增强对比度。如果是为了进一步对图像作数字处理，可以选择分割（一种突出各图像成分之间的边界和线状结构的运算）。该技术可以是整体的或局部的，也可以在某个频域或空间域中进行。图像增强和复原的目的是提高图像的质量，如去除噪声、提高图像的清晰度等。图像增强不考虑图像降质的原因，突出图像中所感兴趣的部分。

（2）图像变换：由于图像阵列很大，直接在空间域中进行处理，涉及计算量很大。因此，往往采用各种图像变换的方法，如傅里叶变换、沃尔什变换、离散余弦变换等间接处理技术，将空间域的处理转换为变换域处理，不仅可减少计算量，而且可获得更有效的处理（如傅里叶变换可在频域中进行数字滤波处理）。目前新兴研究的小波变换在时域和频域中都具有良好的局部化特性，它在图像边缘检测中也有着广泛而有效的应用。

（3）图像分割：目的是把一个图像分解成它的构成成分，以便对每一目标进行测量。图像分割是一个十分困难的过程。但其测量结果的质量却极大地依赖于图像分割的质量。有两类不同的图像分割方法：一种方法是假设图像各成分的强度值是均匀的，并利用这种均匀性；另一种方法是寻找图像成分之间的边界，利用图像的不均匀性，主要有直方图分割法、法区域生长法、法梯度法等。

（4）图像分类（识别）：属于模式识别的范畴，其主要内容是图像经过某些预处理（增强、复原、压缩）后，进行图像分割和特征提取，从而进行判决分类。图像分类常采用经典的模式识别方法，有统计模式分类和句法（结构）模式分类，近年来新发展起来的模糊模式识别和人工神经网络模式分类在图像识别中也越来越受到重视。

（5）图像获得和抽样，其中通过人眼观察的视野获取图像的问题有：使用最常用的图像获取装置——摄像机，对所获得信号进行独立的采样和数字化，从而可用数字形式表达景物中全部彩色内容；电荷–耦合装置，用作图像传感器，对景物每次扫描一行，或通过平行扫描获得图像；选择正确的分辨率或采样密度，一幅图像实质上是二维空间中的信号，所以适用于信号处理的法则同样适用于图像边缘检测，在放射学中常常需要高分辨率，要求图像至少达到2048像素×2048像素；灰度量化，图像强度也必须进行数字化，通常以256级（按1字节编码）覆盖整个灰度，一般一幅灰度图分辨率为8位，空间分辨率为512像素×512像素的图像需0.25M字节的存储容量。

（6）边界查索：用于检测图像中线状局部结构，通常是作为图像分割的一个预处理步骤。大多数图像边缘检测技术应用某种形式的梯度算子，可应用对水平方向、垂直方向或对角线方向的梯度敏感的梯度算子，用它们的复合结果可检测任意方向的边界。

数字图像边缘检测与提取处理的主要应用领域有4个。

（1）航天和航空技术领域。

数字图像边缘检测技术在航天和航空技术方面的应用，除了月球、火星照片的处理之外，还应用在飞机遥感和卫星遥感技术中。从20世纪60年代末以来，美国及一些国际组织发射了资源遥感卫星（如LANDSAT系列）和天空实验室

（如SKYLAB），由于成像条件受飞行器位置、姿态、环境条件等影响，图像质量总不是很高。现在改用配备高级计算机的图像边缘检测系统来判读分析，首先提取出其图像边缘，既节省人力，又加快了速度，还可以从照片中提取人工所不能发现的大量有用情报。

（2）生物医学工程领域。

数字图像边缘检测在生物医学工程方面的应用十分广泛，而且很有成效。除了CT技术之外，还有一类是对阵用微小图像的处理分析，如红细胞、白细胞分类检测，染色体边缘分析，癌细胞特征识别等都要用到边缘的判别。此外，在X射线肺部图像增强、超声波图像边缘检测、心电图分析、立体定向放射治疗等医学诊断方面都广泛地应用图像边缘分析处理技术。

（3）公安军事领域。

公安业务图片的判读分析，指纹识别，人脸鉴别，不完整图片的复原，以及交通监控、事故分析等。目前已投入运行的高速公路不停车自动收费系统中的车辆和车牌的自动识别（主要是汽车牌照的边缘检测与提取技术）都是图像边缘检测技术成功应用的例子。在军事方面图像边缘检测和识别主要用于导弹的精确制导，各种侦察照片的判读，对不明来袭武器性质的识别，具有图像传输、存储和显示的军事自动化指挥系统，飞机、坦克和军舰模拟训练系统等。

（4）交通管理领域。

随着我国经济建设的蓬勃发展，城市的人口和机动车拥有量也在急剧增长，交通拥挤堵塞现象日趋严重，交通事故时有发生。交通问题已经成为城市管理工作中的重大社会问题，阻碍和制约着城市经济建设的发展。因此要解决城市交通问题，就必须准确掌握交通信息。目前国内常见的交通流检测方法有人工监测、地埋感应线圈、超声波探测器、视频监测4类。其中，视频监测方法比其他方法更具优越性。

视频交通流检测及车辆识别系统是一种利用图像边缘检测技术来实现对交通目标检测和识别的计算机处理系统。通过对道路交通状况信息与交通目标的各种行为（如违章超速、停车、超车等）的实时检测，实现自动统计交通路段上行驶的机动车数量、计算行驶车辆的速度及识别划分行驶车辆的类别等各种有关交通参数，达到监测道路交通状况信息的作用。

物体的边缘是以图像局部不连续的形式出现的，如灰度值的突变、颜色的突变、纹理结构的突变等。从本质上说，边缘常常意味着一个区域的终结和另一个区域的开始。图像边缘信息在图像分布和人的视觉中都是十分重要的，是图像识别中提取图像特征的一个重要属性。

边缘提取是图像边缘检测和计算机视觉等领域最基本的技术，如何准确、快速地提取图像中的边缘信息一直是这些领域的研究热点，随着此项技术研究的深入和整个领域的不断发展，边缘提取技术已经成为图像分割、目标识别、图像压缩等技术的基础。其理论意义深远，应用背景广泛，有相当的使用价值和理论难度。边缘提取算法的提出通常是面向具体问题的，普遍实用性较差。

边缘提取就是既要检测出强度的非连续性，又能确定它们在图像中的精确位置。在图像中边缘区域的灰度在空间上的变化形式一般可分为三个类型：阶跃型、房顶型和突圆型，如图8-2所示。

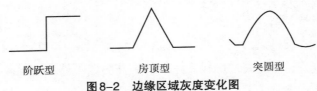

阶跃型　　　　　　　房顶型　　　　　　　突圆型

图8-2　边缘区域灰度变化图

在图像中边缘有方向和幅度两个特性。沿着边缘走向的灰度变化平缓，而垂直于边缘方向的像素变化剧烈。在边缘上灰度的一阶导数幅度较大，而二阶导数在边缘上的值为零，其左右分别为一正一负两个峰。因此，利用梯度最大值或二阶导数过零点提取边界点成为一种有利的手段。

8.2.1 边缘检测过程

边缘是图像最基本的特征，所谓边缘就是指周围灰度强度有反差变化的那些像素的集合，是图像分割所依赖的重要基础，也是纹理分析和图像识别的重要基础。要做好边缘检测，需要考虑如下几个问题。

第一，清楚待检测的图像特性变化的形式，从而使用适应这种变化的检测方法；

第二，要知道特性变化总是发生在一定的空间范围内，不能期望用一种检测算子就能最佳检测出发生在图像上的所有特性变化。当需要提取多空间范围内的变化特性时，要考虑多算子的综合应用；

第三，要考虑噪声的影响，其中一个办法就是滤除噪声，这有一定的局限性；再就是考虑信号加噪声的条件检测，利用统计信号分析，或通过对图像区域的建模，而进一步使检测参数化；

第四，可以考虑各种方法的组合，如先找出边缘，然后在其局部利用函数近似，通过内插等获得高精度定位。

第五，在正确检测边缘的基础上，要考虑精确定位的问题。经典的边缘检测方法得到的往往是断续的、不完整的结构信息，噪声也较为敏感，为了有效抑制噪声，一般都首先对原图像进行平滑，再进行边缘检测就能成功地检测到真正的边缘。

图像的边缘检测包括图像的滤波、图像的增强、图像的定位和图像的检测，4个步骤，具体如图8-3所示。

图8-3 边缘检测的流程图

（1）图像滤波：边缘检测的算法主要是基于图像强度的一阶和二阶导数，但导数通常对噪声很敏感，因此必须采用滤波器来改善与噪声有关的边缘检测器的性能。常见的滤波方法主要有高斯滤波，然后基于高斯核函数对图像灰度矩阵的每一点进行加权求和。

（2）图像边缘增强：增强边缘的基础是确定图像各点邻域强度的变化值。增强算法可以将图像灰度点邻域强度值有显著变化的点凸显出来。在具体实现时，可通过计算梯度幅值来确定。

（3）边缘定位：精确确定边缘的位置。

（4）边缘检测：经过增强的图像，往往邻域中有很多点的梯度值比较大，而在特定的应用中，这些点并不是我们要找的边缘点，所以应该采用某种方法来对这些点进行取舍。实际工程中，常用的方法是通过阈值化方法来检测。

8.2.2 Canny 边缘检测算子

Canny 边缘检测算子是 John F. Canny 于1986年开发出来的一个多级边缘检测算法。Canny 算子检测方法的优点：

（1）低误码率，很少把边缘点误认为非边缘点；

（2）高定位精度，即精确地把边缘点定位在灰度变化最大的像素上；

（3）抑制虚假边缘。

图像的边缘是指图像局部区域亮度变化显著的部分，该区域的灰度剖面一般可以看作是一个阶跃，即从一个灰度值在很小的缓冲区域内急剧变化到另一个灰度相差较大的灰度值。图像的边缘部分集中了图像的大部分信息，图像边缘的确定与提取对于整个图像场景的识别与理解非常重要，同时也是图像分割所依赖的重要特征。

边缘检测主要是图像的灰度变化的度量、检测和定位，自从1959提出边缘检测以来，经过50多年的发展，已有很多学者提出了一些不同的边缘检测方法。在我们常用的几种用于边缘检测的算子中，Laplace算子常常会产生双边界；而其他一些算子（如Sobel算子）又往往会形成不闭合区域。Canny边缘检测是一种比较新的边缘检测算子，具有很好的边缘检测性能，在图像处理中得到了越来越广泛的应用。Canny边缘检测算法的步骤如下。

第1步：用2维高斯滤波模板进行卷积以消除噪声，从而平滑图像。

二维为高斯函数为

$$G(x, y) = \frac{1}{2\pi\delta^2}\exp\left(-\frac{x^2+y^2}{2\delta^2}\right)$$

在某一方向 $\boldsymbol{n}$ 上，$G(x, y)$ 的一阶方向导数为

$$G_n = \frac{\partial G}{\partial n} = \boldsymbol{n}\,\mathrm{grad}\,G$$

其中：

$$\boldsymbol{n} = \begin{bmatrix}\cos\theta\\\sin\theta\end{bmatrix}$$

$$\mathrm{grad}\,G = \begin{bmatrix}\dfrac{\partial G}{\partial x}\\[2mm]\dfrac{\partial G}{\partial y}\end{bmatrix}$$

$\boldsymbol{n}$ 为方向矢量，$\mathrm{grad}\,G$ 为梯度矢量。

将图像 $f(x, y)$ 与 G_n 作卷积，同时改变 n 的方向，$G_n \times f(x, y)$ 取得最大值时的 n 就是正交于检测边缘的方向。

第2步：用一阶偏导的有限差分来计算梯度的幅值。

$$A(x, y) = \sqrt{E_x^2 + E_y^2}$$

$$E_x = \frac{\partial G}{\partial x} \times f(x, y)$$

$$E_y = \frac{\partial G}{\partial y} \times f(x, y)$$

其中：$A(x, y)$ 反映了图像在 (x, y) 点处的边缘强度。

第3步：利用上面的结果计算出梯度的方向。

$$\boldsymbol{\theta} = \text{Arc} \tan\left(\frac{E_x}{E_y}\right)$$

其中：$\boldsymbol{\theta}$ 为图像 (x, y) 点处的法向矢量。

第4步：对梯度幅值进行非极大值（Non-maxima Suppression，NMS）抑制。

第5步：用双阈值算法检测并判定边缘。

如果边缘强度>高阈值，则一定是边缘点；

如果边缘强度<低阈值，则一定不是边缘点；

如果高阈值>边缘强度>低阈值，则看这个像素的邻接像素中有没有超过高阈值的边缘点，如果有，它就是边缘点，如果没有，它就不是边缘点。

第6步：用双阈值算法连接边缘。

对非极大值抑制图像采用双阈值算法，从而得到两个阈值τ_1和τ_2，且$2\tau_1 \approx \tau_2$，从而可以得到两个阈值边缘图像 $G_1(x, y)$ 和 $G_2(x, y)$。由于 $G_2(x, y)$ 使用高阈值得到，因而含有很少的假边缘，但有间断（不闭合）。双阈值法要在 $G_2(x, y)$ 中把边缘连接成轮廓，当到达轮廓的端点时，该算法就在 $G_1(x, y)$ 的8邻点位置寻找可以连接到轮廓上的边缘，这样，算法不断地在 $G_1(x, y)$ 中收集边缘，直到将 $G_1(x, y)$ 连接起来为止。

实际上，还有多种边缘点判别方法，如将边缘的梯度分为四种：水平、竖直、45°方向、135°方向。各个方向用不同的邻接像素进行比较，以决定局部极大值。若某个像素的灰度值与其梯度方向上前后两个像素的灰度值相比并不是最大的，那么将该像素置为零，即不是边缘。

8.2.3 矩阵QR分解

矩阵的 QR 分解是求矩阵全部特征值最有效的矩阵分解方法，它得到了广泛的使用。如果一个矩阵 A 可化为正交矩阵（酉矩阵）Q 与上三角矩阵（包括实上三角矩阵和复上三角矩阵）R 的乘积，即 A=QR，则称上式为矩阵 A 的 QR 分解。

QR 分解除相差一个对角元素模值全为1的对角因子外是唯一的。常用的分解有 Gram-Schmidt 方法、Givens 方法和 Householder 方法。

在 Matlab 中，其语法为[Q, R]=qr(A)，如果 A 是一个 m×n 的矩阵，其 QR 分解后，Q 为一个 m×m 的矩阵，R 是一个 m×n 的矩阵。

语法为[Q, R, perm]=qr(A, 0)，如果 A 是一个 m×n 的矩阵，当 m≤n 时，其 QR 分解后，Q 为一个 m×m 的矩阵，R 是一个 m×n 的矩阵。当 m≥n 时，其 QR 分解后，Q 为一个 $m×n$ 的矩阵，R 是一个 $n×n$ 的矩阵。

定义 8.1 如果实（复）非奇异矩阵 A 可化为正交（酉）矩阵 Q 与实（复）非奇异上三角矩阵 R 的乘积，即 $A = QR$，则称上式为 A 的 QR 分解。

定理 8.1 设 A 是 n 阶非奇异矩阵，则存在正交（酉）矩阵 Q 与实（复）非奇异上三角矩阵 R，使得 $A = QR$，且除去相差一个对角元素的绝对值（模）全为 1 的对角因子外，上述分解唯一。

证明：

设 $A = [a_1, \cdots, a_n]$，

∵ A 是非奇异矩阵

∴ $a_1, \cdots, a_n$ 线性无关。

采用 Gram-schmidt 正交化方法将它们正交化：

先对 $a_1, a_2, \cdots, a_n$ 正交化，可得

$$\begin{cases} b_1 = a_1 \\ b_2 = a_2 - k_{21}b_1 \\ b_3 = a_3 - k_{31}b_1 - k_{32}b_2 \\ \quad\vdots \\ b_n = a_n - k_{n1}b_1 - k_{n2}b_2 - \cdots - k_{n,\,n-1}b_{n-1} \end{cases}$$

其中：

$$k_{ij} = \frac{(a_i,\ a_j)}{(b_j,\ b_j)} \quad (j < i) \quad \left[(b_i,\ b_j) = 0,\ i \neq j\right]$$

将上式改写为

$$\begin{cases} a_1 = b_1 \\ a_2 = k_{21}b_1 + b_2 \\ a_3 = k_{31}b_1 + k_{32}b_2 + b_3 \\ \quad\vdots \\ a_n = k_{n1}b_1 + k_{n2}b_2 + \cdots + k_{n,\,n-1}b_{n-1} + b_n \end{cases}$$

再对 $b_1, b_2, \cdots, b_n$ 单位化，可得

$$q_i = \frac{1}{|b_i|}b_i \quad (i = 1, 2, \cdots, n),$$

即 $b_i = |b_i|q_i$。

用矩阵形式表示为

$$[a_1 \quad a_2 \quad \cdots \quad a_n]$$

$$= [b_1 \quad b_2 \quad \cdots \quad b_n] \begin{bmatrix} 1 & k_{21} & \cdots & k_{n1} \\ & 1 & \cdots & k_{n2} \\ & & \ddots & \vdots \\ & & & k_{nn-1} \end{bmatrix}$$

$$= [b_1 \quad b_2 \quad \cdots \quad b_n] C$$

$$= [q_1 \quad q_2 \quad \cdots \quad q_n] \begin{bmatrix} |b_1| & & & \\ & |b_2| & & \\ & & \ddots & \\ & & & |b_n| \end{bmatrix} C$$

$$= QR$$

其中：

$$Q = [q_1 \quad q_2 \quad \cdots \quad q_n],$$

$$R = \left(\mathrm{diag}[|b_1| \quad |b_2| \quad \cdots \quad |b_n|] \right) \cdot C$$

Q 为正交（酉）矩阵；R 为实（复）上三角矩阵。

唯一性证明：

设存在两个 QR 分解，$A = QR = Q_1 R_1$，

则：

$$Q = Q_1 R_1 R^{-1} = Q_1 D$$

式中 $D = R_1 R^{-1}$ 仍为实非奇异上三角矩阵。

于是：

$$I = Q^\mathrm{T} Q = (Q_1 D)^\mathrm{T} (Q_1 D) = D^\mathrm{T} (Q_1^\mathrm{T} Q_1) D = D^\mathrm{T} D$$

$$(I = Q^\mathrm{H} Q = (Q_1 D)^\mathrm{H} (Q_1 D) = D^\mathrm{H} D)$$

$\Rightarrow D$ 为正交矩阵（酉矩阵）。

于是：

$$D = \begin{bmatrix} a_{11} & a_{12} & \cdots & a_{1n} \\ & a_{22} & \cdots & a_{2n} \\ & & \ddots & \vdots \\ & & & a_{nn} \end{bmatrix}$$

其中：

$$\begin{cases} a_{ij} = 0 \ (i < j) \\ a_{ij} = 1 \ (i = j) \end{cases}$$

∴ D 只能为对角阵，

且 D 是对角元素绝对值（模）全为1的对角阵。

定义 8.2 设 $A \in F^{m \times n}$（$m \geq n$），rank$A = r$，如果 $A = QU$，其中 Q 满足 $Q \times Q = I$，U 是轶为 r 的 $r \times n$ 上三角阵，则称 $A = QU$ 是 A 的一个 QU 分解，或者称（Q，U）为 A 的一个 QU 分解束。

定理 8.2 设 $A \in F^{m \times n}$（$m \geq n$），rank$A = r$，且 A 的前 r 列线性无关，则 A 的 QU 分解存在。

与矩阵的 LU 分解（LU Decomposition）不同，矩阵的 QU 分解未必唯一。

定理 8.3 设 $A \in F^{m \times n}$（$m \geq n$），rank$A = r$，且 A 的前 r 列线性无关。如果 $A = Q_1 U_1$ 及 $[A = Q_2 U_2]$ 均为 A 的 QU 分解，则存在矩阵

$$D = \begin{pmatrix} e^{i\theta_1} & & \\ & \ddots & \\ & & e^{i\theta_r} \end{pmatrix}$$

使得：

$Q_1 = Q_2 D$，$U_1 = D \times U_2$

从而：

$$\left(Q_2 D, \ DU_2 \right) \mid D = \begin{pmatrix} e^{i\theta_1} & & \\ & \ddots & \\ & & e^{i\theta_r} \end{pmatrix}, \ \theta_1, \ \ldots, \ \theta_r \in R$$

便为 A 的所有 QU 束构成的集合。

8.2.4 秘密水印的嵌入算法

算法的具体步骤如下。

第1步：对载体图像I进行三级离散小波分解，得到 LL_i，HL_i，LH_i，HH_i。

其中：LL_i 表示低频子带，HL_i 表示水平方向的高频子带。LH_i 表示垂直方向的高频子带。HH_i 表示对角方向的高频子带。$i = 1$，2，3。

第2步：利用Canny算子提取 LL_3 的边缘特征，记为BW。

第3步：利用Hash函数对BW进行置乱，记为BW′。

第4步：将BW′嵌入到 LH_3 中。

将 LH_3 和BW′分成 N 个互不重叠的 2×2 矩阵，分别记为 LH_3^k 和 BW^k，$k = 1$，2，3，$\cdots$，N，依次对每一个 LH_3^k 和 BW^k 进行 QR 分解，即 $QRE = LH_3^k$，其中 E 是

对角矩阵，E' 表示 E 的逆矩阵。用实非奇异上三角矩阵 R_1 中的非零最小值 m_1 替换实非奇异上三角矩阵 R 中的非零最小值 m，替换后的 R 值记为 R'，还原 LH_3^k，即 $LH_3^k = QR'E'$。

第5步：三级小波逆变换。

说明：图像的边缘特征表示了象素的突变点，携带了图像最重要的信息，所以算法中提出的水印本身就具有脆弱性。在构造水印嵌入块时，应将水印中的数据尽可能地分散到整个图像中去，这样即使图像中某些相对较集中的区域被篡改，但对于某个水印块而言，可能只是其中的一个或者几个编码符号被篡改，这样做显然是非常有益于检错和纠错的。所以，此方法是把整个第三级中频分成若干个2×2的矩阵，在每一个矩阵中都嵌入水印。再者三级小波逆变换后可以把水印分布到整个图像中，所以方法具有很好的脆弱性。

8.2.5 秘密水印的提取算法

第1步：对 I' 进行三级离散小波分解，得到得到 LL_i^*，HL_i^*，LH_i^*，HH_i^*；

第2步：利用 Canny 算子提取 LL_3^* 的边缘特征，记为 BW^*；

第3步：用与嵌入算法相同的 Hash 函数对 BW^* 进行置乱，记为 BW^{**}；

第4步：将 LH_3^* 和 BW^{**} 分成 N 个互不重叠的2×2矩阵，分别记为 $LH_3^{k^*}$ 和 BW^{k^*}，$k=1$，2，3，…，N，依次对每一个 $LH_3^{k^*}$ 和 BW^{k^*} 进行 QR 分解，分别得到实非奇异上三角矩阵 R^* 和 R_1^*。R^* 和 R_1^* 中的非零最小值分别记为 m^* 和 m_1^*，如果 $|m-m_1^*|<\tau$，说明图像的此部位通过认证，反之是异样矩阵，图像受到攻击，τ 是判断因子。

说明：此方法不仅可以认证图像是否在传输过程中受到攻击，而且可以通过异样2×2矩阵的位置来准确定位受攻击的部位，从而使之具有内容篡改证明和完整性证明能力。

8.2.6 基本实验结果及分析

为了验证方法的有效性和可行性，做了大量的实验。下面的实验都是在无攻击的状态下进行的。嵌入水印信息之前的原始公开图像如图8-4所示，采用db1的小波基对原始载体图像进行小波分解。嵌入秘密水印信息之后的公开载体图像如图8-5所示。

图8-4　原始载体图像

图8-5　嵌入水印信息后的载体图像

从图8-5可知，本算法能很好地恢复出秘密的水印信息。嵌入秘密水印信息后的载体图像与嵌入秘密水印信息之前的载体图像几乎无法区分，因而达到隐藏信息"透明"的要求。

通过峰值信噪比（Power Signal-to-Noise Ratio，PSNR）来衡量嵌入秘密水印信息后载体图像的变化。本算法中，峰值信噪比PSNR为41.431dB。由计算结果可知，该算法能很好地达到不可感知性要求。

8.2.7 攻击实验结果及分析

为了测试该水印算法抗击常见攻击的能力，本章设计了以下4种常见的攻击实验，实验的结果如下。

1.剪切攻击

以Barbara图像为例，图8-6是原始的载体图像，即篡改前的图像；图8-7是对其篡改之后的图像，其篡改率为11.033%。图8-8是对篡改部位进行定位的结果。对比图8-7和图8-8可知，算法的篡改定位能力很强，准确率很高。

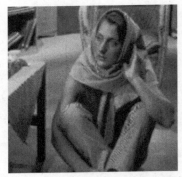

图8-6　嵌入水印信息后的载体图像

（篡改前）

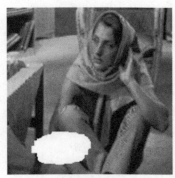

图8-7　嵌入水印信息后的载体图像

（篡改后）

图 8-8　篡改定位结果

2.篡改攻击

图 8-9　嵌入水印信息后的载体图像
（篡改前）

图 8-10　嵌入水印信息后的载体图像
（篡改后）

图 8-11　篡改定位结果

3.JPEG 压缩攻击

分别采用不同的质量系数对含有水印信息的载体图像进行JPEG压缩攻击，然后提取出水印，得到的结果见表8-1。

表8-1　JPEG压缩攻击下的归一化相关值

质量系数 Q(%)	Lena	Truck	Peppers
10	0.6543	0.4853	0.67423
20	0.8123	0.6754	0.6905
40	0.8452	0.8051	0.7901
60	0.9478	0.8876	0.9369
80	0.9765	0.9683	0.9712

4.旋转攻击

分别对含水印信息的载体图像Lena，Truck，Peppers进行不同角度的旋转攻击，然后提取水印，得到的结果见表8-2。

表8-2　旋转攻击下的归一化相关值

角度(°)	Lena	Truck	Peppers
10	0.9708	0.9453	0.9897
15	0.9453	0.9234	0.9324
20	0.9412	0.8434	0.9123
25	0.8983	0.8231	0.8896
30	0.7134	0.4987	0.6767

8.2.8 结论

脆弱水印是数字水印的重要组成部分，可用于数字媒体的真实性和完整性认证。数字媒体的保护者事先将水印信息以隐蔽的方式隐藏于媒体内容中，认证时根据水印信息被破坏的情况察觉篡改行为。本章提出了一种完全脆弱水印算法。该算法利用替换的方法把 *QR* 分解和秘密水印嵌入结合起来，算法利用了图像本身的特征生成水印。与目前提出的许多完全脆弱水印算法相比，本章的算法载荷非常小，容易实现。理论分析与实验仿真结果表明：该算法在保留现有定位型脆弱水印算法具有的篡改定位、不可见性和提取不需要原始图像等优点。它不仅能判断数字媒体是否经过篡改，而且能确定被篡改内容的位置，这对于洞察篡改者的意图、进一步有效地打击篡改行为具有重要意义。通过定性分析（图像的感官特征）和定量分析（峰值信噪比PSNR）发现：嵌入秘密水印后的公开载体图像的质量基本没什么变化，非专业人士看不出公开的载体图像里已经嵌入了秘密的水印信息，这就在主观上迷惑了恶意攻击者。而且对绝大多数操作都非常敏感，能很好地进行攻击定位，这些良好的性能扩大了它的应用范围，从而为它的广泛应用奠定了很好的基础。

第9章　内容认证——半脆弱水印

9.1 引言

半脆弱数字水印是一种新颖的数字媒体认证技术，是认证水印技术的重要组成部分。该技术在近些年得到了长足的发展，并且逐步从静止图像扩展到数字音频和视频等领域。数字媒体认证技术就是利用人类知觉系统的冗余，在不影响数字媒体的感官质量前提下，将与媒体内容相关或不相关的标志信息作为水印直接嵌入到媒体中。当媒体内容需认证时，可将水印提出，鉴定其是否真实完整。

半脆弱水印强调的是一种数据完整性和有效性的标注功能，以及对数据破坏和攻击的定位分析能力。半脆弱水印尽量要将正常的处理（如压缩、加噪及滤波等）与恶意篡改区别对待，这种水印保持对正常的图像处理鲁棒性和对恶意篡改脆弱性。精确认证适用于许多种场合。例如，文本信息被恶意篡改了一两个字符，但是仅仅几个比特的改变就能变成实质上完全不同的信息。但总的来说，这些脆弱水印的鲁棒性太差，无论对恶意篡改还是对正常的图像处理都非常敏感，实用性较差。

事实上，在开放的网络环境下，如有损 JPEG 压缩等图像处理是不可避免的，而有损 JPEG 压缩会改变图像中的许多比特位，但在视觉感知上不会造成任何改变，这类处理一般不会通过精确认证。为了改变这一现状，同时具有脆弱水印和鲁棒性水印两种功能的半脆弱水印应运而生。

半脆弱水印在容忍一定程度的常见信号处理操作的同时，还可把正常的信号处理与恶意篡改区别对待。篡改发生时，半脆弱水印认证系统不仅可提供篡改的破坏发生位置，而且可帮助分析篡改类型。基于半脆弱水印的自嵌入水印还可恢复被篡改的部分。

9.1.1 水印认证的分类

完整性认证是一种验证信息完整性、真实性、发现信息被篡改位置和被篡改内容的技术。它是提供可靠通信的基本要求，也是信息安全关注的重点。实现完整性认证的技术包括：数字签名技术和数字水印技术。

数字签名技术比较成熟，目前的应用也非常多，其缺点是数字签名或认证码占用了额外的带宽资源，而且认证码或者数字签名以载体附件的形式存在，就会增加自身被篡改和被丢弃危险。数字水印技术不需要额外的带宽就能实现完整性认证功能，而且作为认证码的水印信息具有隐秘性，非法用户很难篡改或丢弃。这些优点使得水印技术受到了广泛的关注。

根据水印认证层次的差异，可将完整性认证分为数据级完整性认证（即精确认证）和内容级完整性认证（非精确认证）。

根据水印认证层次的差异，可将用于完整性认证的水印技术分为完全脆弱水印技术（用于数据级完整性认证）和半脆弱水印技术（用于内容级完整性认证）。

完全脆弱水印技术：它是对数据一级的修改认证，这种认证要求对载体的任何修改操作都非常敏感，它可以检测出对媒体信息的任何篡改与破坏，不允许对媒体信息做任何改动，甚至一个比特的改动，能达到完全级的认证。因此，完全脆弱水印是一种精确认证技术，它用于某些特定的场合。例如，作为法律证据的音频文件、视频文件，以及其他类型的电子文件等，这些文件是不允许有丝毫更改的。此类水印通常被称为完全脆弱水印。但是在网络传输和存储过程中，难免会产生正常的、轻微的信号处理，如加入高斯噪声，JPEG压缩等，这些都是完全脆弱水印不能容忍的。半脆弱水印技术正是为解决此类问题而产生的，它允许水印信息有一定程度的非恶意数据破坏，能达到内容级认证。因此，它更适合于实际应用的需要，吸引了众多研究者的注意。

半脆弱水印技术：它是对载体内容的修改认证。它允许公开载体承受某些篡改。半脆弱水印在原始载体信号中嵌入某种标记信息，通过比较这些标记信息的变化，来达到图像认证的目的。它需要随着载体信息的变动而做出相应的变化，即体现一定的脆弱性。但是，对于载体信息的某些必须的操作，如有损压缩，加入高斯噪声等，它应该能表现出一定的稳健性。从而区分出哪些是不影响载体可信度的操作（恶意操作），哪些是攻击操作（恶意操作）。因此，半脆弱水印是一种非精确认证技术。

半脆弱水印的种种优点使得它的应用非常广泛，用半脆弱水印设计成能够区分一些特定的操作，在某种程度上具有某些特定的鲁棒性，来实现水印在满足安全认证的同时忽略某些允许的有益操作。

9.1.2 半脆弱水印的基本特点

一般说来，半脆弱水印系统具有以下基本特点。

（1）盲检测。

水印的检测与认证时，最好无需原始载体信息的参与，这是因为半脆弱性水印在大多情况下是用于鉴别公开载体信息的真实性的，为了达到对公开载体信息保护的目的，不应该对公开的载体信息进行接收操作。而且在很多应用实践中，都没有提供原始的载体信息。有时，用户也不相信提供方给出的原始载体信息，这就需要在检测提取水印时，尽量做到盲检测。从而在没有原始载体信息的情况下，也能准确无误地提取出秘密的水印信息，进而完成内容认证。

（2）能够提高检测到篡改的概率。

一个有效的半脆弱水印系统应能检测到任何非法篡改，这是最基本的要求。在有些应用场合还要求能够检测出篡改区域和篡改类型。

（3）能准确判定发生篡改的位置，并判断具体的篡改性质。

所采用的半脆弱性数字水印算法应该在含水印的公开载体是否发生了篡改方面，表现出极强的判断和识别能力，即算法要能够正确地鉴别载体信息是否被恶意篡改过，并且能准确定位发生篡改的具体位置，以及其他被篡改的程度详细描述。除此之外，还要求能够修复被篡改的信息。

（4）不同密钥产生的水印是正交的。

这说明检测时必须拥有正确的密钥才能准确检测，否则检测失败。

（5）感觉上的透明性。

感觉上的透明性是指嵌入水印后的图像必须具有很高的峰值信噪比。从感观上讲，它是指与原始的公开载体相比较，嵌入秘密水印后的公开载体信息不能有明显的变化，否则会被攻击者或者用户发觉。同时，嵌入的秘密水印信息在视觉上、听觉上必须是不可见的。也就是说，用户和攻击者不能感觉到公开的载体信息中已经嵌入了水印信息。这主要是为了保持宿主数据的商业价值，也是为了宿主数据的安全起见。水印算法要求能够找出发生篡改的区域及篡改的性质，即篡改者所使用的攻击方法。

（6）公开的载体信息必须能够抵抗常见的攻击。

（7）在设计和实现半脆弱性水印算法时，由于水印的嵌入和提取会采用加密的方式进行，所以必须能够保证密钥的可靠性和安全性。

9.1.3 半脆弱水印技术的发展趋势

尽管研究半脆弱数字水印的人越来越多，但对该领域的研究还远未成熟。随着数字产品在网络中的应用日益普遍，以及人们对知识产权越来越重视，提高产品的安全性显得尤其重要。新的半脆弱水印算法也在不断提出，其性能也在不断改进，具体来说就是其鲁棒性越来越好，不可感知性越来越好，篡改定位能力越来越精确。近年以来，半脆弱水印技术的研究出现了如下3个发展趋势。

（1）提高水印对共谋攻击（复合攻击）的鲁棒性。

数字水印算法非常容易受到有意或无意的攻击。现有的半脆弱水印算法一般只对某些攻击具有较好的鲁棒性，抵抗共谋攻击的能力还不够强大。因此，如何设计出能够抵抗共谋攻击（复合攻击）的半脆弱水印算法，是今后研究的一大趋势。

（2）如何平衡鲁棒性和不可见性之间的矛盾。

不可见性和鲁棒性是衡量数字水印算法性能的重要方面。但是，鲁棒性和不可见性是相互矛盾的。要想提高数字水印算法的鲁棒性，就意味着原始载体信息在嵌入秘密水印信息后被发现的概率会更大。因此，如何在不破坏原始载体信息质量的前提下，提高水印信息的鲁棒性也是未来研究的重要趋势。

（3）如何提高篡改鉴定的准确度及对篡改的恢复能力。

许多半脆弱水印系统仅能完成篡改鉴定，对如何修复被篡改内容的研究力度不够。因此，如何定位篡改内容并恢复已被篡改的内容信息，也是将来半脆弱水印算法研究的一个热点。

9.2 图像特征及提取

图像识别是随计算机的发展而兴起的一门学科，现已渗透各个领域。例如，生物学中的染色体特性研究；天文学中的望远镜图像分析；医学中的心电图分析、脑电图分析、医学图像分析；军事领域中的航空摄像分析、雷达和声纳信号检测和分类、自动目标识别等。当前，对图像分类识别的常用方法是先提取图像特征，再进行特征值的归类。图像特征包括空间关系特征（几何特征）、颜色特征、纹理特征、形状特征等。

9.2.1 图像的空间特征及其提取方法

空间关系是指图像中分割出来的多个目标之间的空间位置或相对方向关系，

这些关系也可分为连接/邻接关系、交叠/重叠关系和包含/包容关系等。通常空间位置信息可以分为两类：相对空间位置信息和绝对空间位置信息。前一种关系强调的是目标之间的相对情况，如上下左右关系等；后一种关系强调的是目标之间的距离大小及方位。显而易见，由绝对空间位置可推出相对空间位置，但表达相对空间位置信息常比较简单。空间关系特征的使用可加强对图像内容的描述区分能力，但空间关系特征常对图像或目标的旋转、反转、尺度变化等比较敏感。另外，在实际应用中，仅仅利用空间信息往往是不够的，不能有效准确地表达场景信息。为了检索，除使用空间关系特征外，还需要其他特征来配合。

图像的空间特征的提取方法主要有两种：一种方法是首先对图像进行自动分割，划分出图像中所包含的对象或颜色区域，然后根据这些区域提取图像特征，并建立索引；另一种方法则简单地将图像均匀地划分为若干规则子块，然后对每个图像子块提取特征，并建立索引。

9.2.2 图像的颜色特征及其提取方法

颜色特征是一种全局特征，描述了图像或图像区域所对应的景物的表面性质。一般颜色特征是基于像素点的特征，此时所有属于图像或图像区域的像素都有各自的贡献。由于颜色对图像或图像区域的方向、大小等变化不敏感，所以颜色特征不能很好地捕捉图像中对象的局部特征。另外，仅使用颜色特征查询时，如果数据库很大，常会将许多不需要的图像也检索出来。颜色直方图是最常用的表达颜色特征的方法，其优点是不受图像旋转和平移变化的影响，进一步借助归一化还可不受图像尺度变化的影响，基缺点是没有表达出颜色空间分布的信息。图像的颜色特征的提取方法主要有如下4种。

1.颜色直方图

颜色直方图法能简单描述一幅图像中颜色的全局分布，即不同色彩在整幅图像中所占的比例，特别适用于描述那些难以自动分割的图像和不需要考虑物体空间位置的图像。其缺点是无法描述图像中颜色的局部分布及每种色彩所处的空间位置，即无法描述图像中的某一具体的对象或物体。

最常用的颜色空间有：RGB颜色空间、HSV颜色空间。颜色直方图特征匹配方法有：直方图相交法、距离法、中心距法、参考颜色表法、累加颜色直方图法。

2.颜色集

颜色直方图法是一种全局颜色特征提取与匹配方法，无法区分局部颜色信息。颜色集是对颜色直方图的一种近似。首先将图像从RGB颜色空间转化成视觉均衡的颜色空间（如HSV空间），并将颜色空间量化成若干个柄。然后，用色彩自动分割技术将图像分为若干区域，每个区域用量化颜色空间的某个颜色分量来索引，从而将图像表达为一个二进制的颜色索引集。在图像匹配中，比较不同图像颜色集之间的距离和色彩区域的空间关系。

3.颜色矩

颜色矩法的数学基础在于图像中任何的颜色分布均可以用它的矩来表示。此外，由于颜色分布信息主要集中在低阶矩中，因此，仅采用颜色的一阶矩、二阶矩和三阶矩就足以表达图像的颜色分布。

4.颜色聚合向量

颜色聚合向量将属于直方图每一个柄的像素分成两部分，如果该柄内的某些像素所占据的连续区域的面积大于给定的阈值，则该区域内的像素作为聚合像素，否则作为非聚合像素。

9.2.3 图像的纹理特征及其提取方法

纹理是景物的一个重要特征。通常认为纹理是在图像上表现为灰度或颜色分布的某种规律性，这种规律性在不同类别的纹理中有其不同特点。纹理大致可分为两类：一类是规则纹理，它由明确的纹理基本元素（简称纹理基元）经有规则排列而成，常被称为人工纹理。另一类是准规则纹理，它们的纹理基元没有明确的形状，而是某种灰度或颜色的分布。这种分布在空间位置上的反复出现形成纹理，这样的重复在局部范围内往往难以体察出来，只有从整体上才能显露。这类纹理存在着局部不规则和整体规律性的特点，常被称为自然纹理。纹理特征可用来描述对象物表面的粗糙程度和它的方向性，也可用来分析生物材料组织，或者用来进行图像分割。纹理特征提取的方法随纹理类别的不同而变化，规则纹理采用结构分析方法，准规则纹理采用统计分析方法。

作为一种统计特征，纹理特征常具有旋转不变性，并且对于噪声有较强的抵抗能力。但是，纹理特征也有缺点，一个很明显的缺点是当图像的分辨率变化的时候，所计算出来的纹理可能会有较大偏差。另外，由于有可能受到光照、反射情况的影响，从2-D图像中反映出来的纹理不一定是3-D物体表面真实的纹理。例如，水中的倒影，光滑的金属面互相反射造成的影响等都会导致纹理的变化。由于这些不是物体本身的特性，因而将纹理信息应用于检索时，有时这些虚假的纹理会对检索造成"误导"。在检索具有粗细、疏密等方面较大差别的纹理图像时，利用纹理特征是一种有效的方法。但当纹理之间的粗细、疏密等易于分辨的信息之间相差不大的时候，通常的纹理特征很难准确地反映出人的视觉感觉不同的纹理之间的差别。

纹理特征提取方法主要有三种：统计分析法、几何特征法、信号处理法等。这三种方法提出较早，所以影响很大。

1.统计分析法

统计分析法是常用的纹理分析方法，也是纹理研究用得最多最早的一类方法。统计分析法通过统计图像的空间频率、边界频率及空间灰度依赖关系等来分析纹理。一般来讲，纹理的细致和粗糙程度与空间频率有关：细致的纹理具有高的空间频率，如布匹的纹理是非常细致的纹理，其基元较小，因而空间频率较高；低的空间频率常常与粗糙的纹理相关，如大理石纹理一般是粗糙的纹理，其基元较大，具有低的空间频率。因此，我们可以通过度量空间频率来描述纹理。除了空间频率以外，每单位面积边界数也是度量纹理的细致和粗糙程度的另外一种统计方法。边界频率越高说明纹理越精细，相反，低的边界频率与粗糙的纹理息息相关。此外，统计分析方法还从描述空间灰度依赖关系的角度出发来分析和描述图像纹理。常用的统计纹理分析方法有自相关函数、边界频率（Edge Frequency）、空间灰度依赖矩阵（Spatial Grey Level Dependence Matrix，SGLDM）等。相对于结构分析法，统计分析法并不刻意去精确描述纹理的结构。从统计学的角度来看，纹理图像是一些复杂的模式，可以通过获得的统计特征集来描述这些模式。

2.信号处理法

信号处理法在计算机视觉和图像处理中占有非常重要的位置，在纹理分析领域的应用也极其广泛。信号处理纹理分析方法有 Laws 模板、Fourier 变换、正方形镜像滤波器、Gabor 滤波器和小波等。

3.几何特征法

几何特征法是建立在纹理基元（基本的纹理元素）理论基础上的一种纹理特征分析方法。纹理基元理论认为，复杂的纹理可以由若干简单的纹理基元以一定的有规律的形式重复排列构成。在几何方法中，比较有影响的算法有两种：Voronio 棋盘格特征法和结构法。

9.2.4 图像的形状特征及其提取方法

各种基于形状特征的检索方法都可以比较有效地利用图像中感兴趣的目标来

进行检索，但它们也有一些共同的问题，包括：①目前基于形状的检索方法还缺乏比较完善的数学模型；②如果目标有变形，检索结果往往不太可靠；③许多形状特征仅描述了目标局部的性质，要全面描述目标常对计算时间和存储量有较高的要求；④许多形状特征所反映的目标形状信息与人的直观感觉不完全一致，或者说，特征空间的相似性与人视觉系统感受到的相似性有差别。另外，从2-D图像中表现的3-D物体实际上只是物体在空间某一平面的投影，从2-D图像中反映出来的形状常不是3-D物体真实的形状，由于视点的变化，可能会产生各种失真。描述图像的形状特征的方法主要以下3种。

1.边界特征法

该方法通过对边界特征的描述来获取图像的形状参数。其中Hough变换检测平行直线方法和边界方向直方图方法是经典方法。Hough变换是利用图像全局特性而将边缘像素连接起来组成区域封闭边界的一种方法，其基本思想是点—线的对偶性；边界方向直方图法首先微分图像求得图像边缘，然后，做出关于边缘大小和方向的直方图，通常的方法是构造图像灰度梯度方向矩阵。

2.傅里叶形状描述符法

傅里叶形状描述符（Fourier Shape Descriptors）基本思想是用物体边界的傅里叶变换作为形状描述，利用区域边界的封闭性和周期性，将二维问题转化为一维问题。由边界点导出三种形状表达，分别是曲率函数、质心距离、复坐标函数。

3.几何参数法

形状的表达和匹配采用更为简单的区域特征描述方法，如采用有关形状定量测度（矩、面积、周长等）的形状参数法（Shape Factor）。在QBIC系统中，便是利用圆度、偏心率、主轴方向和代数不变矩等几何参数，进行基于形状特征的图像检索。

9.3 半脆弱水印的基本框架图

半脆弱水印系统包括三部分：水印的嵌入、水印的提取和水印的篡改认证。嵌入的水印信息既可以是与原始载体图像不相关的信息（如用密钥确定的m序列或标识创作者版权的二值商标图像等），也可以是与原始载体图像密切相关的信息（如：提取原始图像的内容或特征作为水印信息）。图像认证时，首先从测试图像中提取水印信息，将提取的水印信息与原始水印信息相比较，若二者一致，则认为图像未被篡改；若二者不一致，则认为图像已被篡改，并给出有关图像篡改的详细信息。若嵌入的水印信息是原始图像的内容或特征信息，则图像认证时，只需将提取的水印信息与图像的内容或特征进行比较。

总的来说，半脆弱数字水印系统主要由水印的生成过程、嵌入过程、提取过程、检测过程（篡改鉴别过程）组成。

9.3.1 半脆弱水印的嵌入过程

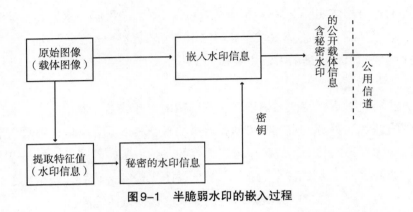

图9-1 半脆弱水印的嵌入过程

通地半脆弱水印的嵌入过程嵌入的数字水印必须是不可见的，在这个过程中，水印图像的生成、预处理过程及水印的嵌入是重点。对于不想被外人所知的水印则要采用不可逆的非对称的嵌入过程。可以从客观角度和主观角度来衡量嵌入水印后的图像质量，主观角度是指图像的视觉效果，通过其主观经验给出评价；客观角度通常使用PSNR，也就是峰值信噪比，来判断嵌入水印后的图像与原始图像的偏离误差，这个偏离误差可以用于衡量嵌入水印后图像的质量（图9-1）。

9.3.2 半脆弱水印的提取过程

水印提取主要是通过一定的算法，根据密钥来检测数字图像中是否已经嵌入水印。水印的检测依据该过程中是否应用到了原始宿主图像可分为明提取和盲提取两种。明提取是指在水印提取过程中需要原始图像参与，盲提取是指在不需要原始载体图像的情况下，也能顺利地提取出水印信息。大多数用于鉴别数字图像真实性的水印算法为了达到较好的性能，往往只是对含水印图像上发生的非法改动予以较高的检测精度，而对嵌入水印的宿主图像的偶然修改操作采取容忍的处理方式。

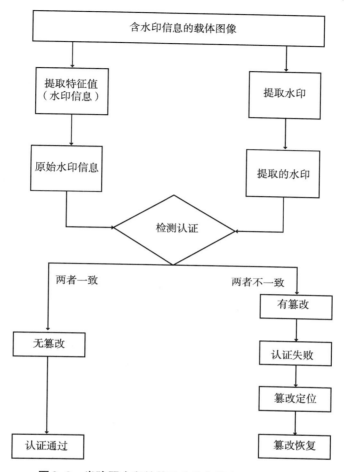

图9-2　半脆弱水印的篡改定位与恢复过程图

9.4 基于图像内容认证与恢复的半脆弱水印算法

对多媒体内容的保护一般分为两个方面：一是版权保护；二是内容完整性保护，即认证。用于版权保护的数字水印要求有很强的鲁棒性和安全性，用于内容完整性保护的水印称为易损水印或脆弱水印，这种水印同样是在内容数据中嵌入不可见的信息。在实际应用中并不需要脆弱水印对所有的修改都非常敏感。对恶意篡改高度敏感和对内容保护操作鲁棒的半脆弱水印更能适应实际应用的要求。一个半脆弱水印应该满足三个基本要求：对恶意篡改的高度敏感性和对内容保护操作的鲁棒性、不可见性、安全性。半脆弱水印不但要对恶意的攻击特别敏感，又要对一些常规的图像操作（如JPEG压缩、加噪等）有一定的鲁棒性，从而将偶然攻击与恶意篡改区分开来。

9.4.1 水印信息的嵌入算法

步骤1：对公开的载体图像进行离散小波变换。

每一级分解都把图像分解为4个频带：水平（HL）、垂直（LH）、对角（HH）和低频（LL），其中低频（LL）部分还可以进行下一级的分解，从而构成了小波的塔式分解。一幅图像经过分解之后，图像的主要能量主要集中于低频部分，这也是视觉重要部分；而图像的高频部分即图像的细节部分所含能量较少，分布在HL、LH、HH三个子图中，主要包含了原图的边缘和纹理部分信息。

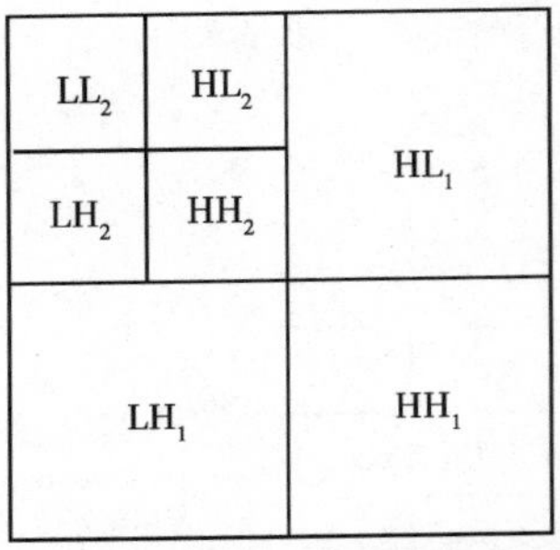

图9-3 二层小波分解示意图

假设：载体图像ZT的大小是$M×N$，首先对其进行2层正交小波分解，得到小波系数Z。其中：LL_2为其低频子带；HL为其水平高频部分；LH为其垂直高频部分；HH为其对角高频部分。

在小波系数的多个分量中，LL_2包含了图像的主要能量，而且一般的图像处理对它的影响都比较小，因此水印的认证和恢复都在低频子带LL_2中完成。

步骤2：认证水印信息的嵌入。

选取适当的量化步长Δ对小波系数进行量化，从而完成水印信息的嵌入。

当$LL_2(i, j)<a$时：

$$\widetilde{QR_{rz}}(i, j) =\Delta×\{2\text{floor}[0.5\text{round}（LL_2(i, j)/\Delta)]\} \tag{9-1}$$

当$LL_2(i, j)\geqslant a$时：

$$\widetilde{QR_{rz}}(i, j) =\Delta×\{2\text{floor}[0.5\text{round}（LL_2(i, j)/\Delta)]\}+1 \tag{9-2}$$

其中：$LL_2(i, j)$为原来的小波系数；a为分割阈值；floor为截断取整操作；round为取整操作。

步骤3：恢复水印信息的嵌入。

恢复水印的嵌入方法：

当$\text{mod}[\text{floor}（0.25\sum_{i=1}^{4}x_i/\Delta), 2]=0$，且待嵌入的水印为0时：

$$QR_{hf}(i) =\text{floor}（0.25\sum_{i=1}^{4}x_i/\Delta)-0.25\sum_{i=1}^{4}x_i \tag{9-3}$$

当$\text{mod}[\text{floor}（0.25\sum_{i=1}^{4}x_i/\Delta), 2]=1$，且待嵌入的水印为1时：

$$QR_{hf}(i) = \text{floor}\left(0.25\sum_{i=1}^{4}x_i/\Delta\right) - 0.25\sum_{i=1}^{4}x_i \tag{9-4}$$

其余情况下：

$$QR_{hf}(i) = \text{floor}\left(0.25\sum_{i=1}^{4}x_i/\Delta\right) - 0.25\sum_{i=1}^{4}x_i + \Delta \tag{9-5}$$

步骤4：离散小波逆变换，生成含有秘密水印信息的载体图像。

对修改后的小波系数做离散小波逆变换（IDWT），从而生成含有秘密水印信息的载体图像 $\overline{ZT}$。

9.4.2 水印信息的提取算法

步骤1：对嵌入水印信息后的载体图像 $\overline{ZT}$ 做2层DWT变换。

步骤2：提取认证水印信息

假设：$TQ_{rz}(i)$ 是提取出来的认证水印，则：

$$TQ_{rz}(i) = \text{mod}\left[\text{floor}\left(\text{LL}_2(i,j)/\Delta\right),\ 2\right] \tag{9-6}$$

将提取出来的水印信息，分别与图像内容的水印信息进行异或运算，得到 W_1，W_2。

步骤3：生成篡改矩阵 CG。

篡改矩阵用于判断图像是否被篡改，其中，元素为1的区域意味着该区域可能被篡改，如果为0，则表示未做任何修改。

$$CG = W_1 \oplus W_2 \tag{9-7}$$

其中：$\oplus$ 为异或运算。

步骤4：图像块的认证。

依据待检测图像与篡改矩阵 CG 的对应关系，来判定图像是否被篡改，以及被篡改的位置。

如果 $CG(i,j)=1$，则表示被篡改；否则，没有被篡改。

步骤5：恢复水印的提取。

恢复水印将分别从 LH_1，HL_1，HH_1，HH_2 中提取。提取方法如下：

$$TQ_{hf}(i) = \text{mod}\left\{\text{floor}\left[0.5 + \text{LL}_2(i,j)/\Delta,\ 2\right]\right\} \tag{9-8}$$

从提取出来的水印信息，即可生成恢复的水印图像。

由此可见，本节提取秘密水印信息时不需要原始的载体图像信息，因此它是一种盲提取算法。

9.4.3 水印的透明性实验

实验采用的公开载体图像为 Airplane、Hall 和 Fishing Boat。嵌入时，Logistic 混沌序列的初始值 $x_0=0.2637$，参数 $\mu=3.9754$。

在没有任何攻击的情况下，嵌入水印前的公开载体如图 9-4、图 9-6、图 9-8 所示；嵌入水印后的载体如图 9-5、图 9-7、图 9-8 所示。

从图 9-4~图 9-9 的实验结果可以看出：公开载体图像在嵌入秘密水印图像前后没有明显差别，所以该算法能满足嵌入水印后的不可感知性的要求，从而将秘密的水印信息悄无声息地嵌入到一幅非常普通的图片中。

图9-4　嵌入水印前的载体图像（Airplane）　　图9-5　嵌入水印后的载体图像（Airplane）

图9-6　嵌入水印前的载体图像（Hall）　　图9-7　嵌入水印后的载体图像（Hall）

图9-8　嵌入水印前的载体图像
（Fishing　Boat）

图9-9　嵌入水印后的载体图像
（Fishing　Boat）

9.4.4 图像篡改的定位与恢复实验

1.压缩攻击

分别采用不同的压缩因子对含有水印信息的载体图像进行 JPEG 压缩攻击，并提取出水印信息。当压缩因子为 60% 时，误码率为 0.203；当压缩因子为 70% 时，误码率为 0.132；当压缩因子为 80% 时，误码率为 0.0948。

2.剪切攻击

剪切攻击是一种很常见的恶意篡改攻击，现分别对 Hall 和 Fishing Boat 随机进行剪切实验，然后进行篡改定位，并对图形进行提取恢复，结果如图9-10和图9-11所示：

（a）原始的图像

（b）篡改后的图像

（c）定位的结果

（d）恢复的图像

图9-10　Hall图的剪裁实验结果

（a）原始的图像

（b）篡改后的图像

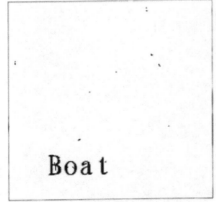

（c）定位的结果

（d）恢复的图像

图9-11　Fishing Boat图的剪裁实验结果

从两图可以看出，该算法能较好地定位图像的篡改位置。通过比较恢复的图像和原始的载体图像，可以看出两者之间没有明显的差别。这表明，本书的算法能很好地指出图像的篡改位置，并且很好地恢复被篡改的内容。

9.4.5 结论

本章在计算机仿真实验的基础上，提出了一种改进的半脆弱水印算法。该算法充分利用了小波多分辨率的特点，在计算图像特征的基础上，生成了认证水印和恢复水印，然后采用不同的方法嵌入到原始载体图像小波域的不同系数部分；在图像的接收方，提取水印信息时，不需要原始的载体图像，从而真正实现了盲提取。由于不需要额外传输载体图像，这不仅节省了宝贵的网络带宽资源，而且为算法了广泛应用提供了便利条件。

第10章　数字水印系统的应用

10.1 基于数字水印技术的保密通信系统

保密通信是一门十分悠久并且很神秘的技术，自从人类学会用笔书写，就开始使用通信保密。保密通信不仅与电报、军事或爱情相关，它已经逐渐进入了人类生活的很多方面，如网络购物、移动通信、电子邮件等。围绕保密通信所展开的斗争甚至远胜于保密通信本身。保密通信与信息窃取永远是矛与盾的关系，它们在不断的斗争中发展，在不断的发展中斗争，它是人类智力的另类较量。保密通信是维护国家安全的必要技术手段，它涉及物理、化学、数学、仿生学、信息论、计算机和通信技术等学科，是一个融合信息的保密性、完整性、可用性、可控性和不可否认性为一体的综合体系。

基于水印技术的保密通信系统是通过对语音信号进行分析，利用水印技术将秘密信息水印到公开的载体语音中，并以明文信息发送出去，在接收端利用水印的相应技术将秘密信息从明文语音中提取出来。它要求隐藏秘密水印信息的混合语音不能有人耳可察觉到的变化，这样不管是普通通信还是保密通信，恶意的窃听者听到的都是有实际意义的明文语音信息，而对保密语音信息一无所知。由于窃听者听到的不是传统的保密通信那样的噪声，这就不容易引起窃听者的怀疑。即使窃听者知道正在进行通话的信道里隐藏有保密语音信息并截取了正在通信的信息，但没有相应的提取技术，也不可能轻易获得保密语音信息。本章以数字水印技术为基础，设计并实现了一种保密通信方案。在实现时，选取的是DCT+DWT算法。

10.1.1 系统的设计原则

本系统采用了面向对象的软件开发工具，保证系统具有良好的稳定性、可靠性、实用性、可扩展性和可移置性，设计系统时遵循了如下原则。

1.高度的安全性原则

设计方案严格遵循国家信息安全保密标准，严防非法用户进入系统，严格规范用户的使用权限，避免数据信息遗失或被篡改。在提高系统性能，保证系统的灵活性时，还必须保证系统的可靠和数据的安全。

2.实用性原则

设计本系统时，软件和硬件设备应根据当前和近期的实际需要，实事求是地选择。适合的才是最好的，不是越昂贵越复杂的系统越好，而是要在系统性能、建设成本及维护成本之间找到一个最佳的结合点。也就是说要针对实际情况，要做到精干实用，该有的功能不能少，用不到的功能也不要添加。

3.可靠性原则

系统设计要科学，系统结构要合理，确保系统不存在安全隐患。系统能可靠地运行，其平均无故障时间（Mean Time Between Failures，MTBF）要达到国家规定的标准，并力争超过该标准。

同时，如果发生了故障，系统的平均故障修复时间（Mean Time To Repair，MTTR），即系统修复一次故障所需要的时间，要尽可能地小。它的值越小，说明该系统的可靠性越高。

4.可移植性原则

考虑到系统内部所用的计算机操作系统可能与大众化的计算机操作系统并不相同，因此本系统要适应不同的操作平台和网络环境，系统的可移植性要好。

5.可扩展性和可维护性原则

考虑到信息技术的飞速发展，未来可供选择的信息载体将会越来越多，随之也会产生新的信息隐藏算法，设计系统时，需要充分考虑随时增加设备，以扩展整个系统的处理能力，应尽量选用模块化产品，使其具有很好的开放性，同时要便于维护。

10.1.2 保密通信系统的整体框架

在此通信系统中，首先在发送方将隐藏秘密水印信息的混合载体信息通过现有的互联网传输，接收方接收发送方传过来的混合载体信息，并从中提取出保密语音信息。

本章设计的保密通信系统主要由两部分组成：发送方子系统和接收方子系统。具体框架如图10-1所示。发送方子系统与接收方子系统在结构上相同，只是在同一秘密水印信息在传输时，一方进行发送操作，另外一方进行接收操作。网络通道既可以是专网，也可以是互联网，视具体的情况和保密的等级要求而定。

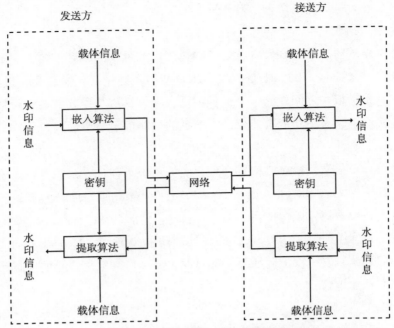

发送方　　　　　　　　　　　　　　接送方

图10-1　保密通信系统的总体框架图

10.1.3 实验结果

　　由于采用互联网来传输，因此传输时丢包的现象在所难免，而且发送方和接收方越是繁忙，丢包的现象越严重，本实验分别测试了两端电脑在条件一（轻载）、条件二（中载）和条件三（重载）时提取算法的性能（表10-1）。

表10-1　实验结果

实验条件	提取出来的保密语音	
	BER（%）	视觉效果
一	0.0012	好
二	0.0046	好
三	0.0523	好

　　在本章的保密通信实例中，在两端电脑重载时，原始的载体图像如图10-2所示，原始的秘密水印信息图10-3所示，加密后的水印信息如图10-4所示，嵌入水印信息后的载体图像如图10-5所示。

图10-2　原始的载体图像

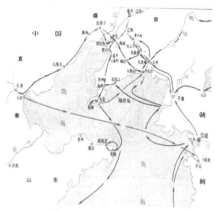

图10-3　原始的水印信息

图10-4　加密后的水印信息

图10-5　嵌入水印后的载体图像

　　比较图10-2和图10-5可知，嵌入秘密水印信息以后，载体图像的质量并没有明显的变化，这说明嵌入算法具有很好的不可见性。退一步说，即使该图像的保真度相对于嵌入水印之前的载体图像有所下降也没有关系，因为发送方对采用的原始载体图像拥有完全的自主产权，攻击者没有原始的载体图像作为参照，所以系统对保真度的要求不是很高，只要图像的质量好即可。嵌入秘密水印信息之后的图像将作为待发送的数据传输给接收方。

　　接收端收到图像以后，在没有受到攻击的情况下，提取出来的水印信息如图10-6所示。如果在网络传输的过程中，图像遭受到了恶意攻击，系统仍然能正确提取出水印信息。图10-7和图10-8是遭受到强度为0.1的噪声攻击后的实验结果。

图10-6　提取出来的水印信息(无攻击时)

图10-7　遭受攻击后的载体图像

图10-8　提取的水印信息(有攻击时)

　　从上面的实验结果可以看出，即使遭受了比较严重的恶意攻击，接收方仍然能够正确的提取出秘密的水印信息，从而躲过攻击者的干扰，保证了保密通信的正常进行。

10.2 基于数字水印技术的电子印章系统

　　电子印章系统是以先进的数字技术模拟传统实物印章，它的管理和使用方式符合实物印章的习惯，其加盖的电子文件具有与实物印章加盖的纸张文件相同的外观、相同的有效性和相似的使用方式。但是电子印章绝对不是简单的印章图像加上电子签名，关键在于其使用和管理方式是否符合实物印章的习惯，其加盖的电子文件是否与纸张文件有相同的外观，使用方式与纸张文件有多大程度的相似性。

10.2.1 应用背景

随着社会经济活动的不断发展，银行经营业务也日趋多样，自创的金融品种和代理业务不断增加，随之产生了大量帐单。银行帐单在所有单据中处理要求为最复杂，目前单据种类已有上百种，且在不断增加。银行帐单是银行用以保证帐目往来正确，体现资金交易情况的凭据。银行在处理回单和对帐单时，需要反复在纸质单据上加盖银行专用印章，必须规范，并具安全性。为改善目前的帐单生产模式，在确保规范安全的前提下，提高效率，改进质量，开始寻求更先进的帐单处理模式。采用自助或集中出单方式，来解决传统回单交换方式是非常好的方案，随之而来的是电子印章技术在回单系统中的使用变得特别突出。

传统的橡皮印章存在很多问题，如私自刻章，未经允许私自使用真实的公章等。而且橡皮印章的异地签章非常不便，经常需要拿着印章去签合同，风险是不可预见的。这意味着印章的权力人无法对自身权力进行充分控制，对相关人员也只能以规章制度和职业道德来约束，因此屡出问题也在情理之中。随着网上交易活动的发展，在有纸化办公向无纸化办公转变的历程中，传统印章已渐渐不能适应信息社会的新形势。在这样的情况下，电子印章的出现使权力与权力人更好地结合在一起。即使电子印章持有者在国外出差，也不会影响相关文件的签署。工作人员只需把要签署的文件发给这位主管，他可以在国外直接加盖电子印章，然后通过电子邮件发回，这种异地签章的能力使企业印章完全可以不交给非权力人持有。电子印章实际上是用一种信息技术来代替传统的印章，这种技术可以直接在特定的电子文档上盖章，使人们不必再将这些文件打印后来回地邮寄，从而使效率、成本及使用安全得到大幅度改善。因此，电子印章系统解决了印章正确可控使用、防伪及防复制等问题，在规范盖章业务流程的同时，大大降低了印章被伪造、复制和文件被篡改的风险。基于数字水印技术的电子印章系统实现了PKI和数字水印技术的无缝整合，是一套完整的电子印章应用和管理系统。完全基于Web环境的架构，可以支持HTTPS安全传输协议，以充分保证数据传输的安全性和通用性，对于网络环境和防火墙也没有过多的限制。最终用户使用IE浏览器即可参与工作，因此系统维护和部署工作非常简单。

10.2.2 系统的设计原则

系统在设计时，依据国家相关技术与业务规范和国家电子签名法的要求，遵循了如下原则设计。

1.实用性

立足实际需求情况，满足短期和长期发展合法电子印章的应用需求，在安全、合法、经济的前提下，进行合理的设计与应用。

2.易操作

用户接口及界面设计将充分考虑人体结构特征及视觉特征进行优化设计，界面友好、美观，操作符合日常工作流程需要，易学习、易操作，系统提示和帮助信息准确、及时。

3.可扩展性

本电子印章系统采用了完全安全控件化技术，分散式与集中式并存应用模式，项目建成后，不仅能满足现阶段某省交通厅内部OA等相关业务系统电子印章、电子签名应用之需要，还可同步支持与其相关的电子归档，通过标准电子印章平台保障电子印章合法流通、验证。

4.高度的安全性

安全是本系统建设的首要原则，从安全性角度分析，本系统全面采用国家认证认可的相关加密、签名、数字身份认证、数字水印等技术构建严密安全体系，确保签章系统与签章数据的安全身份访问、使用、传输、信息加密安全。保障对签章系统与签章数据的身份认证唯一性、可追溯、不可否认、数据加密安全。同时将电子印章加密封装入指纹签名器中，基于标准印章平台严格制发、备案、监督、定时验证等管理规范体系。

5.标准化

本系统提供的电子印章已经取得国家商用密码管理办公室的立项资质认定，且已经通过国家信息安全测评认证中心的产品测评认证，测评证明其符合国家标准GB/T18336-2001《信息技术、安全技术、信息技术安全性评估准则》和GB/T17903-1999《信息技术、安全技术、抗抵赖》《商用密码管理条例》《中华人民共和国电子签名法》等相关法规、标准。

6.开放性

从技术体系上，电子印章需要支持C/S与B/S架构混合的体系。支持各类常用办公格式文件签章、签名应用，支持与相关业务系统无缝结合开发实现电子印章应用。

7.先进性

本系统采用的数字签名、数字水印、光学水印等均为国际先进技术，且相关技术均通过国家相关权威机构认证，系统软件体系结构采用通用的组件标准，具有很好的可维护性、先进性。

10.2.3 电子印章系统的主要功能

印章管理：一个实物印章只能对应一个电子印章，电子印章只有得到授权的合法用户方可使用。电子印章必需存储在可移动的介质上，我们就可以像保管实物印章一样保管它（USBKEY），即可集中管理印章的制作、存储、分发、收回、销毁、备份和恢复等。

文档盖章：在各种文档中加盖公章或签名章，记录盖章单位、盖章人和盖章时间等信息。

证书管理：兼容各类证书，可为企业建立自己的证书机构，提供申请、审核、颁发和吊销等服务。

文档验证：如果盖章后文档内容被修改，通过验证数字签名，可以发现文件被修改，并显示印章无效。

集中控管：集中控管对印章的各种操作，提供全过程日志审计和查询功能。

撤销印章：可以撤销自己在文档中加盖的印章。

手写签名：提供人性化的手写签名功能，采用数字签名技术，更安全。

身份验证：能查看盖章人的数字证书，验证其身份，防止伪造与推卸责任。

权限控制：只有合法用户可以阅读加盖安全电子印章的文档。通过证书或密码等方式控制文档的打开和打印等权限，能实现文档的打印份数控制。

锁定文档：利用PKI技术，每一次的对电子文档的盖章行为都做了数字签名，可以锁定文档，防止非法篡改，可设置锁定密码，并提供安全有效的解锁方式。

10.2.4 电子印章系统的设计特点

电子印章系统能实现对电子文件及纸制文件中公章及其相关文件的防伪和安全处理。本系统基于数字水印技术，提供了一整套电子印章的管理、使用、传输和输出平台，在规范盖章业务流程的同时，大大降低了印章被伪造、复制和文件被篡改的风险。

（1）安全性：采用国际流行的PKI技术构建;私钥、密码、证书放入E-KEY中，防止非法用户盗用，印章多重把关，保障电子文档的真实性、完整性和不可抵赖性。

（2）可打印：以国际领先的数字水印技术，克服了传统电子印章仅保护电子版的缺陷，纸质文档输出同样包含可验证的防伪信息，彻底杜绝伪造篡改。

（3）防伪性、防复制：将文件数据信息嵌入原始电子印章中，生成防伪电子印章，合成到电子文件中，形成打印文件流，保证每个文件的防伪电子印章都是具有不可抵赖性，而且防伪电子印章和文件数据相关，防伪电子印章即使通过高科技手段被完整复制，也不能使用到其他文件中，文件数据被篡改，也能够通过防伪电子印章和文件数据进行核对来进行防伪。

（4）方便性：印章以插件及控件的形式嵌入办公软件之中，直接出现在工具栏中，方便操作，与办公软件无缝连接，同一篇文档可加盖多人印章。

（5）防抽换：结合添加的骑缝章功能就可以很好地解决纸制文件的真伪鉴别，采用了随机小偏移量技术，大大减少了骑缝章位置的重复性，减少了抽换页事件发生的概率。

（6）直观性：嵌入到文档中的电子图章可以透明显示，不影响原有的编辑功能，并可以随意拖动到任意位置签章，可以达到同纸质盖章相同的效果。电子公章制作模块在制章时采用了所见即所得的方式，制出的图章效果一目了然，可以通过调整参数获得期望的公章图样。

（7）鉴别性：印章嵌入后对文档所做任何改动，可由验证模块立即检测出来；并可察看CA证书以确认签署者身份。

（8）通用性：对打印机及录入设备无特殊要求，满足不同操作环境。

（9）自动化：增加二维码，对文件中关键信息通过数字签名加密，通过识别二维条码，可以将文件的关键内容和公章能够读取出来，同时通过数字水印信息可识别出二维条码的真伪，这样就安全的保证了纸质文件的防伪。

（10）可查性：对于系统每次用印均有记录，以便后期查询检查。

（11）支持打印、印刷水印技术：通过打印设备在纸质文件上打印多层水印，可以是数字，也可以是图形，通过手持式水印检测仪检测文件中打印出来的印章的真实性，以达到防伪的效果。

10.2.5 橡皮印章与电子印章的比较

（1）从盖章介质上比较：电子印章适用于对电子文档盖章，物理印章主要适用于对纸质文书盖章。

（2）从直观形态来看：物理印章体积较大，形态不规整，而电子印章仅用USB存储介质就可以存储和使用，携带更为方便（图10-9）。

（3）从人力资源角度分析，多数物理印章的使用需要人工记录使用信息，而电子印章实现了自动留痕，自动记录时间、盖章内容和使用人，免去了人工记录的繁琐，可以节约人力资源投入到更有价值的工作环节中去，但是审批环节不能取代，审批依然需要通过OA留痕。

（4）从办公效率角度分析，电子印章真正实现了无纸化办公，便捷的一站式流程大大提高了工作效率。

（5）从印章制作管理角度上讲，无论是用于不同介质的传统物理印章还是用于电子文档的电子印章，它们都属于印章，如用户需刻制公章，都必须按照相关公章管理法规办理准刻审批登记手续方能刻制，否则都属私刻公章。

图10-9 存储电子印章的USBKEY与物理印章

（6）从印章信任域和安全性分析，长期以来收件方利用了物理印章的唯一性、印迹的可识别性及公章管理的严密性来识别发件方的印章。在现实的印章应用中，物理印章由于生产技术相对简单，印章制造方又没有提供可验证的手段，所以非常容易被仿冒。电子印章的产生和盖章是建立在PKI基础上的，它采用的是非对称加密技术。同时又由具有权威性、信赖性及公正性的第三方CA中心，负责为电子商务环境中各个实体颁发安全电子印章数字证书，以证明各实体印章身份的真实性，并负责在盖章过程中检验和管理安全电子印章证书。

（7）从区域特殊问题角度分析，物理印章面临执法检查，使用非常不便，而电子印章小巧灵便，可以随身携带，能够在较大程度上解决该问题。

10.2.6 电子印章系统的整体框架

图10-10是水印的嵌入系统，即生成授权文件的系统。发送方除了要将文件发送给接收方外，还要把相关密钥一同发给接收方，如第三章的混沌密钥、嵌入位置、量化步长、分割大小等信息。

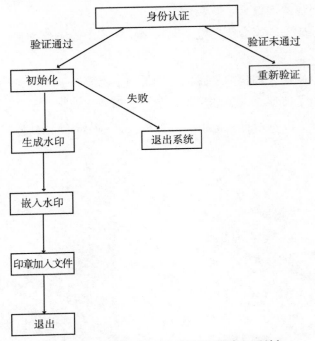

图10-10　电子印章生成系统(水印嵌入系统)

接收方的水印提取系统，其框架如图（10-11）所示。

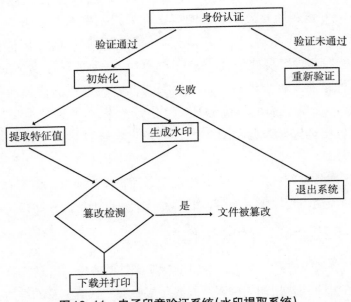

图10-11　电子印章验证系统(水印提取系统)

10.2.7 实验结果

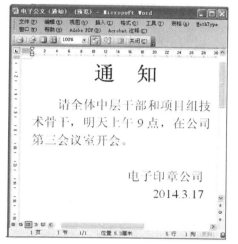

图 10-12　发送方待发送的电子公文

图 10-13　印章图像

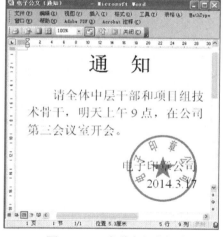

图 10-14　发送方加盖印章

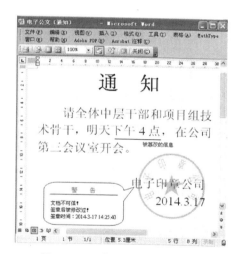

图 10-15　电子公文被篡改

　　电子印章系统是 PKI 数字签名技术在传统印章电子化过程中的典型应用。电子印章系统的产生，不仅体现了现代计算机技术对传统公文和印章的影响；同时，中国传统文化对计算机技术的渗透也清晰可见。在设计电子印章系统的过程中，安全性是重中之重。具体来说就是文档在加盖了电子印章以后，在没有经过授权的情况下是不允许随便修改的。没有修改的文档，其印章是红色的，且验证信息表明该文档未被修改过。如果盖章的文档被修改过，即使只有 1bit 的信息被修改，文档上的电子印章都将失效变色，并且会发出"文档不可信！签章后被修改过！"等提示信息，这样用户不仅可以通过印章颜色的变化来判断文档是否被篡改，而且还可以通过提示信息很直观的得到该文档的验证结果，其具体过程如图 10-12~图 10-15 所示。由此可见，利用电子印章系统对电子文档签章后，电子文档不能被任意改动，电子印章系统对加盖过印章后的电子文档能起到很好的防伪作用。此外，还要照顾用户使用印章的传统习惯，如印章图片等，只有这样，才能保证电子印章系统的顺利推广和普及。

附录　本书涉及的专有名词中英文对照表

A/D（Analog/Digital）Conversion	模拟/数字转换
Amplitude	幅度值
Arnold Transform	Arnold变换
Attacker	攻击者
Audio	音频
Authentication	认证
Authorization	授权者
Basic Attack	基本攻击
BER（Bit Error Rate）	比特误码率（位错误率）
Blind Watermarking	盲水印
Carrier	载体
Cat Mapping	猫脸变换
CDMA（Code Division Multiple Access）	码分多址访问
Chaotic Sequence	混沌序列
Collusion Attacks	合谋攻击
Compression Attack	压缩攻击
Copyright Protection	版权保护
Copyright Marking	版权标记
Cropping Attack	切割攻击
CWT（Continuou Wavelet Trans form）	连续小波变换
Data Encryption	数据加密
D/A（Digital/Analog）Conversion	数字/模拟转换
DC（Direct Coefficient）	直流系数
DCT（Discrete Cosine Tranform）	离散余弦变换
Dither Modulation	抖动调制
DPCM（Differential Pulse Code Modulation）	差分脉冲编码调制
DSSS (Direct Sequence Spread Spectrum Encoding)	直序扩频编码方法

DWT（Discrete Wavelet Transform）	离散小波变换
Echo Hiding	回声隐藏
Edge Frequency	边界频率
Embedding	嵌入
EOB（End of Block）	块结束标志
EZW（Embedded Zerotree Wavelets）	嵌入式零树编码算法
Fourier Shape Descriptors	傅里叶形状描述符
Fourier Transform	傅里叶变换
Fragile Watermarking	脆弱水印
Gaussian Noise	高斯噪声
Hadamard Transform	哈达马变换
HAS（Human Auditory System）	人类听觉系统
HVS（Human Video System）	人类视觉系统
Hilbert Curve Hilbert	Hilbert 曲线
IDCT（Inverse Discrete Cosine Transform）	离散余弦反变换
Intellectual Property Right Protection	知识产权保护
Interption Attack	解释攻击
JPEG（Joint Photographic Experts Group）	联合图像专家小组（图像压缩标准）
JPEG Bit Stream	JPEG 位数据流
Key	密钥
Kerckhoffs Principle	柯克霍夫原则
Legal Attack	合法攻击
Linear Time Invariant System	线性时不变系统
Logo	标识
LSB（Least Significant Bit）	最低有效位
LUD（LU Decomposition）	矩阵的 LU 分解
Masking Effect	掩蔽效应
MTBF（Mean Time Between Failures）	平均无故障时间
MTTR（Mean Time To Repair）	平均故障修复时间
MER（Minimum-Error Replacement）	最小误差修正
MSE（Mean Square Error）	均方误差
NC（Normalized Correlation）	归一化相关值
Non-blind Watermarking	非盲水印

PCM（Pulse Code Modulation）	脉冲编码调制
Phase Encoding	相位编码
Presentation Attack	表达攻击
PSNR（Power Signal-to-Noise Ratio）	峰值信噪比
QIM（quantization index modulation）	量化索引调制
Quantization	量化
Removal Attacks	移除攻击
Requantization Attack	再量化攻击
Resample Attack	再取样攻击
RLE（Run-LengthEncoding）	游程编码
Rotation	旋转
Robustness	鲁棒性
Robustness Attack	鲁棒性攻击
RST（Rotation、Scaleand Translation）	RST变换（又称仿射变换）
Run-Length Encoding	行程编码
Scale	缩放
Scrambling	置乱
Semi-Fragile Watermarking	半脆弱水印
Shape Factor	形状参数法
SIFT（Scale-invariant Feature Transform）	尺度不变特征转换
Signal Processing	信号处理
Signal to Noise Ratio	信噪比
SPIHT（SetPartitioning in Hierarchical Tree）	多级树集合分裂算法
Spread Spectrum Communication	扩频通信
Step-Size	量化阶大小
SVD（Singular Value Decomposition）	奇异值分解
Tamper	篡改者
Transfer	传输
Transform	变换空间
Transform Domain	变换域
Translation	平移

参考文献

[1] Simmons G J. The prisoners' problem and the subliminal channel[A]. Advances in Cryptology, Proc. Crypto'83[C], Hambury: Springer-Verlag, 1984, 51-66.

[2] L X, YU H H. Transparent and robust audio data hiding in cepstrum domain[A]. //2000 IEEE Inernation Conference on Multimedia and Expo[C]. 2000, 397-400.

[3] Aderson R J, Needham R M, Shamir A. The steganographic file system[A]. //Proc of Information Hiding'98[C]. 1998, 73-82.

[4] Petitcolas F A P, Anderson R J, Kuhn M G. Information hiding-a survey[J]. Proceeding of the IEEE Special Issue on Protection of Multimedia Content, 1999, 87 (7): 1062-1078.

[5] 岳军巧, 钮心忻, 杨义先. 语音保密通信中的信息隐藏技术[J]. 北京邮电大学学报, 2002, 25 (1): 79-83.

[6] Kirovski D Malvar H. Robust covert communication over a public audio channel using spread spectrum[J]. IEEE Journal on Select Ares in Communications, 2003, 16 (4): 561-572.

[7] 刘春庆, 王执铨. 一种安全的隐密通信系统方案[J]. 南京理工大学学报, 2004, 28 (2): 113-117.

[8] Gao X, An L Ling, Yuan Y, Lossless data embedding using ge-neralized statistical quantity histogram[J]. IEEE Transactions On Cir- Cuits And Systems For Video Technology, 2011, 21 (8): 1061-1070.

[9] Al-Otum H A, Al-Taba' a A 0. Adaptive color image watermarking based on a modified improved pixel- wise masking technique[J]. Computers & Electrical Engineering, 2009, 35 (5) : 673-695.

[10] Bas P, Chassery J M, Macq B. Geometrically invariant watermarking using feature points[J]. IEEE Transactions on Image Processing, 2002, 11 (9): 1014-1020.

[11] 李雷达, 郭宝龙, 表金峰. 基于奇偶量化的空域抗几何攻击图像水印算法[J]. 电子与信息学报, 2009, 31 (1): 134-138.

[12] 景丽, 肖慧敏. 基于SIFT特征的小波域数字图像鲁棒水印方法[J]. 计算机应用研究, 2009, 26 (2): 766-774.

[13] 张翼, 唐向宏. 基于图像归一化的抗几何攻击水印技术[J]. 电路与系统学报, 2009, 14 (16): 54-58.

[14] 侯振华，陈生潭.用于图像认证的半脆弱性数字水印研究[J].视频技术应用与工程，2003，（11）：88-91.

[15] Boney L，Tewfik A H.，Hamdy K N. Digital watermarks for audio signals[A]. 1996，473-480.

[16] Franz E，Jerichow A，Moller S，et al. Ingo Stierand Computer Based Steganography：How It Works And Why Therefore Any Restrictions on Cryptography Are Nonsense，at Best[A]. //Proceedings of the First International Workshop[C]. Cambridge，Springer UK，May-June 1996.

[17] 杨榆，白剑，徐迎晖，等.回声隐藏的研究与实现[J].中山大学学报（自然科学版）2004，43（增刊2）：50-52.

[18] Hyem O O，Hyun W K，Jong W S. Transparent and robust audio watermarking with a new echo embedding technique[C]. Multimedia and Expo. 2001，317-320.

[19] Xinl，Yuhh. Transparent and robust audio data hiding in cepstrum domain[A]. Multimedia and Expo，IEEE International Coference[C]. 2000，1：397-400.

[20] Bender W，Gruhl D，Morimoto N. Techniques for data hiding[J]. IBM Systems，1996，35（3&4）：313-336.

[21] Kim H J，Choi Y H. A novel echo-hiding scheme with backward and forward kernels[J]. Circuits and Systems for Viedo Technology，2003，13：885-889.

[22] Swanson M D，Ahu B，Tewfik A H，et al. Robust audio watermarking using perceptual masking [J]. Signal Processing，1998，66（3）：337-355.

[23] Seok J，Hong J，Kim J. A Novel Audio Waermarking Algorithms for Copyright Protection of Digital Audio[J]. ETRL Journal，2002，24（3）：181-188.

[24] 汪和生.基于图像变换域的双重数字水印方法[J].广西大学学报（自然科学版），2006，31（3）：228-232.

[25] Tilki J F，Beex A A. Encoding a hiding digital signature onto an audio signal using psychoacoustic masking[C]. Proc. 1996 7th Int. Cof. on Sig. Proc. Apps. And Tech. 1996，476-480.

[26] Voloshynovskiy S，Koval1 O，Pun T. Information Theoretic data hiding for public network security，services control and secure communi cations[J]. TELSIKS，2003，21（7）：1-14.

[27] 戴跃伟，杨洋，茅耀斌，等.变换域音频水印技术初步研究[J].东南大学学报，2000，30（5）：22-27.

[28] Podilchuk C I，Delp E J. Digital watermarking：Algorithms and applica-tions：IEEE Signal Processing Magazine，2001（7）：33-46.

[29] Piva A，Barni M，Bartolini F. DCT-based watermark recovering without resorting to the uncorrupted original images[A]. Proc of ICIP' 97[C]. 1997，520-523.

[30] Kwon K R，Chang H J，Moon K. 3DCAD drawing watermarking based on three compo-nents[A]. //InternationalConfereneeonImageProeessing[C]. 2006，1385-1388.

[31] Wu Y，BOOM P N. Speech scrambling with hadamard transform in fre-quency domain[A]. //6th

International Conference on signal Processing [C], 2002, 1560–1563.

[33] 陈亮，张雄伟.语音保密通信中的信息隐藏算法研究[J]，解放军理工大学学报（自然科学版），2002，3（6）：1–5.

[34] 徐达文，王让定.基于线性预测的小波域音频数字水印盲检算法[J]，计算机工程与应用，2004，34：78–81.

[35] 贾林，任金昌，赵荣椿.数字水印技术及其在网络化多媒体版权保护中的应用[J].测控技术，2002（7）：23–25.

[36] 吕慧，张贵仓.改进的层式DCT在数字水印技术中的应用[J].微电子学与计算机，2012，29（2）：103–106.

[37] 戴跃伟，茅耀斌，王执铨.音频信息隐藏技术及其发展方向[J].信息与控制，2001，30（5）：385–391.

[38] 赵福祥，王常杰，王育民.一个新的隐蔽网络实现方案及应用[J].西安电子科技大学学报（自然科学版），2001，28（1）：31–34.

[39] Chen B，Wornell G W. Quantization index modulation：A class of provably good methods for digital watermarking and information embedding[J]. IEEE Transactions on information Theory，2001，47（4）：1423–1443.

[40] Chen B，Wornell G W. Digital watermarking and information embedding using dither modulation. IEEE Second Workshop on Multimedia Signal Processing，1998：273–278.

[41] Miyazaki A，Okamoto A. Analysis of watermarking systems in the fre-quency domain and its application to design of robust watermarking systems[A]. IEEE International Conference on Acoustics，Speech，and Signal Processing（ICAS-SP'01）. 2001，3：1969–1972.

[42] 杨洋，陈小平.一种基于DCT变换的音频多水印算法[J].数据采集与处理，2004，19（2）：215–219.

[43] 王秋生，孙圣和.一种在数字音频信号中嵌入水印的新算法[J].声学学报，2001，26（5）：464–467.

[44] 齐越，舒军，沈旭昆.一种基于八叉树的三维网格盲水印算法[J].北京航空航天大学学报，2008，34（3）：331–335.

[45] Petitcolas F A P，Anderson R J，Kuhn M G. Attacks on copyright mar-king systems [EB/OL]. http：//citeseer. ni. nec. com/petitcolas98/attacks. html

[46] 陈克非.信息安全--密码的作用与局限[J].通信学报，2008，22（8）：93–99.

[47] 尤新刚，周琳娜，郭云彪.信息隐藏学科的主要分支及术语[A].信息隐藏全国学术研讨会（CIHW2000/2001）论文集[C].西安：西安电子科技大学出版社，2008：43–50.

[48] 向华，曹汉强，伍凯宁，等.一种基于混沌调制的零水印算法[J].中国图像图形学报，2006，11（5）：720–724.

[49] 齐东旭，邹建成，韩效宥.一类新的置乱变换及其在图像信息隐藏中的应用[J].中国科学

（E 辑），2008，30（5）：440-448.

[50] 柏森，曹长修，曹龙汉，等.基于骑士巡游变换的图像细节隐藏技术[J].中国图像图形学报，2008，6（11，A）：1096-1100.

[51] 张屏生，毕厚杰.图像加密的一种方法[J].通信学报，2008，5（3）：85-90.

[52] 丁玮，闫伟齐，齐东旭.基于 Arnold 变换的数字图像置乱技术[J].计算机辅助设计与图形学学报，2001，13（4）：338-341.

[53] 王朋飞，冯桂.基于混沌动力系统的数字图像加密方法[J].计算机工程与应用，2007，43（13）：55-57.

[54] 陈益飞，曹瑞.混沌理论在水印置乱中的应用[J].电子设计工程，2011，19（1）：157-160.

[55] 陈武华，位旦，王自鹏.混沌 Lur'e 系统的输出反馈脉冲同步[J].广西大学学报：自然科学版，2011，36（6）：987-999.

[56] 刘瑶利，李京兵.一种基于 DCT 和 Logistic Map 的医学图像鲁棒多水印方法[J].计算机应用研究，2013，30（11）：3430-3437.

[57] 邓绍江，黄桂超，陈志建，等.基于混沌映射的自适应图像加密算法[J].计算机应用，2011，31（6）：1502-1504.

[58] 王俊杰，莫倩，梅东霞，等.一种基于 LSB 的鲁棒音频水印算法[J].广西大学学报（自然科学版），2013，38（5）：1502-1504.

[59] 孙圣和，陆哲明，牛夏牧.数字水印技术及应用[M].北京：科学出版社，2004：36-37.

[60] Cox I J，Kilian J，Leighton F T，et al. Secure spread spectrum watermar-king for multimedia[J]. IEEE Transaetions on Image Proeessing. 1997，6（12）：1673-1687.

[61] Hartung F，Girod B. Watermarking of MPEG-2 eneoded video without de-coding and reeneoding [J]. Multimedia Computing and Networking，1997：264-273.

[62] Hsu C T，Wu J L. Hidden signature in Images[J]. IEEE Trans Image Processing. 1999，8（1）：58-68.

[63] 张智高，春花，张红梅，等.离散余弦变换在图像压缩上的应用[J].内蒙古民族大学学报（自然科学版），2010，25（3）：153-155.

[64] 高国芳.数字图像压缩处理技术[J].重庆科技学院学报（自然科学版），2006，8（2）：93-95.

[65] 张健.基于离散余弦变换数据压缩算法的图像处理应用[J].科技咨询导报，2007（8）：57-58.

[66] 吕世良，曲仕敬.基于 DCT 的图像压缩及 Matlab 实现[J].科技信息（科学教研），2008（14）：401-402.

[67] 方建斌.变换编码在图像压缩中的应用[J].中国水运，2008，8（12）：109-110.

[68] 吴志军，钮心忻，杨义先.语音隐藏的研究及实现[J].通信学报，2002，3（4）：99-104.

[69] 韩杰思，汤光明，马晓煜.基于图像的水印安全性分析[J].微计算机信息，2006，1-3：

19-20.

[70] Lie W N, Chang L C. Robust and high-quality time-domain audio watermarking based on low-frequency amplitude modification[J]. IEEE Transactions on Multimedia, 2006, 8 (1): 46-59.

[71] 由守杰, 柏森, 曾辉. 鲁棒的混合域音频水印算法[J]. 计算机技术与发展, 2008 (3): 169-172.

[72] 王俊杰, 张晓明, 梅东霞. 音频水印技术在网络通信中的应用研究[J]. 北京石油化工学院学报, 2005 (4): 54-60.

[73] 袁大洋, 肖俊, 王颖. 数字图像水印算法抗几何攻击鲁棒性研究[J]. 电子与信息学报, 2008, 30 (5): 1251-1256.

[74] 孙鑫, 易开祥. 数字水印技术原理算法及展望[J]. 辽宁工程技术大学学报, 2002 (6): 112-126.

[75] 卢鹏, 季晓勇. 语音混沌保密通信系统中的水印[J]. 计算机工程, 2007, 33 (29), 149-150.

[76] 蔡吉人. 信息安全密码学[J]. 信息网络安全, 2003, 2: 14-16.

[77] 周礼华, 周冶平. 一种基于量化 DCT 域音频水印新算法[J]. 计算机工程与应用, 2008, 44 (19): 87-88.

[78] 崔东峰, 王相海. 基于 DCT 的自适应图像盲水印算法[J]. 计算机工程与设计, 2007, 28 (6): 1355-1357.

[79] 唐益慰, 孙知信. 数字签名标准 (DSS) 的理论研究与实现. 计算机技术与发展, 2006, 16 (9): 233-239.

[80] 钱华明, 于鸿越. 基于 SVD-DWT 域数字图像水印算法[J]. 计算机仿真, 2009, 26 (8): 104-107.

[81] 胡睿, 徐正光. 一种基于分块 DCT 变换和水印置乱的嵌入算法[J]. 微计算机信息, 2005, 7 (22): 29-31.

[82] 刘宏伟, 谢维信, 喻建平, 等. 基于人类视觉系统的自适应数字水印算法[J]. 上海交通大学学报, 2008, 42 (7): 1144-1148.

[83] 李蕴华, 陈建平, 许小梅. 一种基于人类视觉特性和 DCT 变换的图像水印新算法[J]. 江南大学学报 (自然科学版), 2005, 151-154.

[84] Ma D, Fan J. Digital image encryption algorithm based on improved arnold transform[C]. International Forum on Information Technology and Applications, 2010: 174-176.

[85] 吴绍权, 黄继武, 黄达人. 基于小波变换的自同步音频水印算法[J]. 计算机学报, 2004, 27 (3): 365-370.

[86] 胡继承, 黄晓笛, 谢玉琼. 自适应语音信息隐藏的小波方法[J]. 计算机工程与应用, 2005 (2): 47-51.

[87] 何琴, 邹华兴, 白剑. 基于小波变换的语音信息隐藏算法[J]. 计算机应用研究, 2005

（12）：118-119.

[88] 曹华.图像和视频水印嵌入新方法研究[D].武汉：华中科技大学博士学位论文，2006.

[89] Yang J，Lee M H，Chen X H. Mixing chaotic watermarks for embedding Wavelet transform Do-main[J]. IEEE International Sysmposiumon Ciruits and Systems，2002，2：668-671.

[90] Sehneider M，Chang S F. A robust content based digital signature for image Authentication[C]. Proeeedings IEEE International Conference on Image Processing：Lausanne：2006.

[91] 董倩如，孙刘杰.基于多尺度小波域的数字水印算法研究[J].微计算机信息，2009，（33）：76-77.

[92] 兀旦晖，李晗.基于小波变换数字图像水印系统的抗攻击性研究[J].计算机测量与控制，2011，（3）：658-660.

[93] 倪蓉蓉，阮秋琦.一种基于迭代映射和图像内容的自适应水印算法[J].通信学报，2004，25（5）：182-189.

[94] 李成，毕笃彦等.数字水印技术在军事隐蔽通信中的应用研究[A].第十二届全国青年通信学术会议[C]，2007：793-799.

[95] 闫敬文.数字图像处理（Matlab 版第二版）[M].北京：国防工业出版社，2011：9-10.

[96] 杨素敏，张政保，王嘉祯等.小波域中基于分形压缩的数字图像盲水印算法[J].计算机工程与设计，2007，28（24）：6016-6019.

[97] 李养胜，李俊.基于小波分解的图像数字水印算法[J].计算机技术与发展，2006，16（3）：127-128.

[98] 杨涛，徐建锋，杨国光，等.基于数字全息和离散余弦变换的数字水印技术[J].光电工程，2009，36（12）：91-96.

[99] 王永吉，吴敬征，曾海涛，等.隐蔽信道研究[J].软件学报，2010，（9）：2262-2288. [100] 白林雪，宗良.一种基于二维离散小波变换的视频水印嵌入和盲提取算法[J].中国科技信息，2011（10）：92，104.

[101] Lei B Y，Soon I Y，Li Z. Blind and robust audio watermarking scheme based on SVD-DCT[J]. Signal Processing，2011，91（8）1973-1984.

[102] V Bhat K，Sengupta I，Das A. An adaptive audio watermarking based on The singular value de-composition in the wavelet domain[J]. Digital Signal Processing，2010，20（6）：1547-1558.

[103] Wang X Y，Zhao H. A novel synchronization invariant audio Watermar-king scheme based on DWT and DCT[J]. IEEE Transactions Signal processing，2006，54（12）：4835-4840.

[104] Wang H X，Fan M Q. Centroid-based semi-fragile audio waterMarking in hybrid domain[J]. Sei-ence China information Sciences，2010，53（3）：619-633.

[105] 李雷达，郭宝龙，武晓钥.一种新的空域抗几何攻击图像水印算法[J].自动化学报，2008，34（10）：1235-1242.

[106] 钟桦，张小华，焦李成.数字水印与图像认证——算法及应用[M].西安：西安电子科技大

学出版社. 2006.

[107] 李睿，李明，张贵仓. 基于随机分块的脆弱性水印算法设计[J]. 武汉大学学报（信息科学版），2006，31（9）：832-834.

[108] Yassin N I, Salem N M, Adawy M . Block based video watermarking scheme using wavelet transform and principle component analysis [J], International Journal of Computer Science Issues, 2012, 9（1）：296-301.

[109] 高智慧，肖俊，王颖，等. 一种含边信息的小波域视频水印算法[J]. 计算机工程，2009，35（11）：123-124.

[110] Shen C X, ZhangH G, Feng D G. Survey of Information Security[J]. Science in China Series F：Information Sciences. 2007，50（3）：273-298.

[111] 肖磊. 一种具有高攻击类型判别能力的图像空域半脆弱水印算法[J]. 计算机科学，2010，37（2）：286-289.

[112] 张力，肖薇薇，钱恭斌，等. 基于Krawtchouk不变矩的仿射攻击不变性局部水印算法[J]. 电子学报，2007，35（7）：1403-1408.

[113] 王颖，肖俊，王蕴红. 数字水印原理与技术[M]. 北京：科学出版社，2007.

[114] Qian Z. X, Guo R. F. Inpainting assisted self recovery with decreased embedding Data[J]. IEEE Signal Processing Letters，2010，11（17）：929-932.

[115] Kim K S, Lee M J, Lee P K. Blind image watermarking scheme in DWT-SVD domain[C]MProc of the Third International Conf on International Information Hiding and Multimedia Signal Processing，2007：477-480.

[116] 李段，徐刚. 一种DT-CWT域内的图像零水印算法「J]. 中国图像图形学报，2006，11（5）：725-729.

[117] 葛秀慧，田浩，郭立甫，等. 信息隐藏原理及应用 [M]. 北京：清华大学出版社. 2008.

[118] Feng D G, Wang X Y. Progress and Prospect of Some Fundamental Research on Information Security [J]. Journal of Computer Science and Technology. 2006，21（5）：740-755.

[119] 沈永增，刘锋，刘建炳，等. 一种新的灰度水印嵌入算法[J]. 计算机工程与应用，2004（4）：56-58.

[120] 吴一全，庞嘉. 基于空域Contourlet-时域小波变换的视频水印算法[J]. 电子测量与仪器学报，2010，24（12）：1088-1093.

[121] 赵耀. 基于小波变换的抵抗几何攻击的鲁棒视频水印[J]. 中国科学，E辑，信息科学，2006，36（2）：137-152.

[122] 和红杰，张家树. 基于混沌的自嵌入安全水印算法[J]. 物理学报，2007，5（6）：3092-3100.

[123] 罗向阳，陆佩忠，刘粉林. 一类可抵御SPA分析的动态补偿LSB信息隐藏方法[J]. 计算机学报，2007，30（3）：463-473.

[124] 杨晓苹，翟宏琛，王明伟. 一种应用相息图对灰度图像信息进行隐藏的方法[J]. 物理学报，2008，57（2）：847-852.

[125] 宋伟，侯建军，李赵红，等. 一种基于Logistic混沌系统和奇异值分解的零水印算法[J]. 物理学报，2008，58（7），4449-4456.

[126] 白云，刘新元，何定武，等. 在SQUID心磁测量中基于奇异值分解和自适应滤波的噪声消除法[J]. 物理学报，2006，55（5）：2651-2656.

[127] 曾高荣，裘正定. 数字水印的鲁棒性评测模型[J]，2010，物理学报，59（8），5871-5880.

[128] 邹露娟，汪波，冯久超. 一种基于混沌和分数阶傅里叶变换的数字水印算法[J]. 物理学报，2008，57（5）：2750-2754.

[129] 李晨璐，孙刘杰，李孟涛. 强鲁棒性全息水印算法[J]. 包装工程，2012，33（13）：104-107.

[130] Zhang L J，Li A H. A study on video watermark based on discrete wavelet transform and genetic algorithm[C]// Proceedings of the 1st International Workshop on Education Technology and Computer Science，2009，374-377.

[131] 刘全，张乐，张永刚，等. 基于角点特征的几何同步数字水印算法[J]. 通信学报，2011，4（32）：25-31.

[132] 王晓红，许诗旸. 基于W-SVD的强鲁棒性复制图像水印算法[J]. 包装工程，2012，33（21）：113-119.

[133] 叶天语. 基于方差的奇异值分解域鲁棒零水印算法[J]. 光子学报，2011，40（6）：961-966.

[134] Thai D H，Zensho N，Chen Y W. Robust multi-logo water-marking by RDWT and ICA[J]. Signal Processing，2006，86：2981-2993.

[135] 李学斌，俞登峰，程亮. 基于奇异值分解的零水印算法[J]. 计算机工程，2009，35（11）：163-177.

[136] 陈刚，陈宁，胡安峰. 抗几何攻击的整数小波变换数字图像水印技术[J]. 计算机工程与应用，2011，47（2）：185-189.

[137] Huang H C，Fang W C. Metadata-based image watermarking for copyright protection[J]. Simulation Modelling Practice and Theory（S1569-190X），2010，18（4）：436-445.

[138] 熊志勇，王丽娜. 基于差值二次可扩展性的彩色图像可擦除水印[J]. 中南民族大学学报：自然科学版，2010，39（4）：82-88.

[139] 周亚训，金炜. 一种小波和余弦变换组合域内鲁棒的自适应零水印算法[J]. 光电工程，2011，38（5）：80-91.

[140] 高志荣，吕进. 基于压缩感知与小波域奇异值分解的图像认证[J]. 中南民族大学学报：自然科学版，2010，39（4）：89-93.

[141] 郑玉，刘文杰，赵英男. 基于整数小波变换的自适应数字音频水印[J]. 计算机工程与应

用，2010，46（23）：148-152.

[142] 钟尚平，徐巧芬，陈羽中，等.一种基于 LSB 序列局部特征的通用隐写检测方法[J]. 电子学报，2013，41（2）：239-247.

[143] 尤娟，汤光明. 基于音频 LSB 隐写的统计检测算法[J]. 计算机工程，2009，35（24）：176-178.

[144] 邓倩岚，林家骏，刘婷. 基于相邻直方图的 LSB 替换隐写分析算法[J]. 华东理工大学学报（自然科学版），2010，36（6）：839-842.

[145] 陈志宏，刘文耀. 保持直方图特性的最低比特位密写方法[J]. 天津大学学报，2008，41（1）：21-27.

[146] LOU D C，HU C H. LSB steganographic method based on reversible histogram transformation function for resisting statistical steganalysis[J]. Information Sciences，2012，188（4）：346—358.

[147] Saha B，Sharma S. Steganographic techniques of data hiding using digital images[J]. Defence Science Journal，2012，62（1）：11—18.

[148] 蔡正保，范文广. 基于 LSB 技术的图像安全传输系统设计[J]. 吉林师范大学学报（自然科学版），2012，5（2）：89-91.

[149] 李桂芸，邓桂英，赵逢禹. 一种基于 LSB 图像水印的改进算法[J]. 计算机系统应用，2012，21（4）：156-160.

[150] 倪明，吴锡生. 一种改进的 LSB 音频水印算法[J]. 电脑知识与技术，2008，4（4）：959-960

[151] 韩杰思，沈建京，彭韶峰. 抗 SPA 攻击的快速 LSB 均衡隐藏算法[J]. 电子科技大学学报，2010，39（5）：768-773.

[152] 王璇，陈朝辉. 基于 LSB 的时域音频水印改进算法的软件实现[J]. 郑州轻工业学院学报（自然科学版），2011，26（3）：22-25.

[153] 姜吉涛，周雪芹，刘晓红. 一种基于 LSB 的数字图像隐藏的改进算法[J]. 山东理工大学学报，2006，20（3）：66-68.

[154] Luo X Y，Liu B，Liu F L. Improved Rs method for detection of LSB steganography [C]// Proceedings of the 2005 international conference on Computational Science and Its Applications. Heidelberg，Springer - Verlag ICCSA，2005，508-516.

[155] 周翔，段晓辉，王道宪. 利用 DCT 与小波变换的一种数字水印算法[A]. 全国第三届信息隐藏学术研讨会（2001年）论文集[C]. 西安：西安电子科技大学出版社，2001，21-29.

[156] 张焕国，郝彦军. 数字水印、密码学比较研究[J]. 计算机工程与应用，2008，39（9）：63-67.

[157] 霍耀冉，陈帆，和红杰，等. 结合压缩因子的数字图像认证水印算法[A]. 第九届全国信息隐藏暨多媒体信息安全学术大会论文集[C]. 成都，2010，503-507.

[158] Wang RD，Li Q，Zhu HL，et al. Fragile watermarking scheme Suitable for the authentication

of H. 264/AVC video content[J]. Jounal of Infor-mation&Computational Science，2012，9（13）：3693-3706.

[159] 马小松，王朔中，张新鹏. 一种基于 N 像分块特性的数字水印嵌入方法[J]. 上海大学学报：自然科学版，2006，9（1）：1-4.

[160] 郭建胜，沈林章，张锋. 基于混沌序列的图像加密算法的安全性分析[J]. 计算机工程，2008，34（8）：12-15.

[161] 李钢，张国良，张仁斌. 一种基于分块大容量的 LSB 算法[J]. 合肥工业大学学报：自然科学版，2006（6）：707-711.

[162] Kekre H B，Athawale A，Halarnkar P. Increased capacity of infor-mation hinding in LSB's method for text and image[J]. Interntional Journal of Electrical and Electronics Engineering，2008，2（4）：246-251.

[163] 谢建全，阳春华，黄大足，等. 一种大容量的 DCT 域信息隐藏算法[J]. 中国图像图形学报，2009，14（8）：1542-1546.

[164] 袁志勇，杨土安，夏维，等. 一种基于自适应目标 DCT 的数字水印算法[J]. 计算机工程与科学，2005，（10）：40-41.

[165] 刘红翼，王继军，韦月琼，等. 一种基于 LSB 的数字图像信息隐藏算法[J]. 计算机科学，2008（11）：100-102.

[166] Kekre H B，Mishra D，Khanna R，et al. Comparison between the basic LSB replacement technique and increased capacity of information hiding in LSB's method for images [J]. International Journal of Computer Applications，2012，45（1）：33-38.

[167] Kourkchi H，Ghaemmaghami S. Improvement to a semi-fragile watermarking Scheme against a Proposed Counterfeiting Attack[A]. Proceedings of 11th International Conference on Advanced Communication Technology [C]. 2009，1928-1932.

[168] 汪飞，檀结庆. 基于 DWT 和均值量化的音频水印算法[J]. 计算机应用，2009，29（2）：444-446.

[169] 孙星明，黄华军，王保卫，等. 一种基于等价标记的网页信息隐藏算法[J]. 计算机研究与发展，2007，44（5）：66-74.

[170] Zhou X M，Zhao W D. A Semi-fragile Watermarking Scheme for Con-tent Authentication of Chinese Text Documents [A]//Proceedings of 2nd IEEE International Conference on Computer Science and Information Technology. 2009，439-443.

[171] 陈攀，何晨，何迪，等. 一种新颖的用于攻击辨别的脆弱语音水印算法[J]. 武汉理工大学学报. 2009，31（20）：125-129.

[172] 于帅珍，冯丽平. 数字水印关键技术[J]. 计算机技术与发展，2010，20（2）：148-151.

[173] Wen X M. An audio watermarking algorithm based on fast fourier transform[A]. International Conference on Information Management，Innovation Management and Industrial Engineering[C].

2009，363-366.

[174] Naccari M，Pereira F. Advanced H. 264/AVC-based perceptual video coding：Architecture，tools，and assessment. IEEE Transactions on Circuits and System for Video Technology. 2009，19（3）：337-346.

[175] 温泉，王树勋，年桂君. DCT域音频水印：水印算法和不可感知性测度[J]. 电子学报，2007，35（9）：1702-1705.

[176] 冯林，李彦君，邵刚，等. 利用人眼视觉系统理论实现DCT域快速分形编码[J]. 计算机辅助设计与图形学学报，2005，17（1）：67-73.

[177] Jiang W Z. Fragile audio watermarking algorithm based on SVD and DWT[A]. //International Conference on Intelligent Computing and Integrated Systems（ICISS），2010，83-86.

[178] Chen T Y，Chen T H，Lin Y T，et al. H. 264 video authentication based on semi-fragile watermarking[A]. //International Conference on Intelligent Information Hiding and Multimedia Signal Processing[C]. 2008，659-662.

[179] Qin C，Chang C C，Chen P Y. Self-embedding fragile watermarking with restoration capability based on adaptive bit allocation mechanism[J]. Signal Processing，2012：1137-1150.

[180] 林志高，孙锬锋，蒋兴浩. 基于VLC域的H. 264/AVC视频流内容级认证水印算法[J]. 上海交通大学学报，2011，45（10）：1531-1535.

[181] Saadi K A，Bouridane A，Guessoum A. Combined fragile watermarking and digital signature for H. 264/AVC video authentication[J]. //EUSIPCO 2009，1799-1803.

[182] 尤晶晶，王韶霞. 抗JPEG压缩的半脆弱水印算法研究[J]. 北京电子科技学院学报，2012，40（4）：92-97.

[183] 蔡键，叶萍，刘涛. 基于小波变换的用于医学图像的半脆弱水印算法[J]. 计算机应用与软件，2011，28（6）：278-281.

[184] 徐涛，蔡昭权. 基于内容认证的三维网格模型半脆弱水印算法[J]. 计算机应用与软件，2014，31（1）：323-326.

[185] 段贵多，赵希，李建平，等. 一种新颖的用于图像内容认证、定位和恢复的半脆弱数字水印算法研究[J]. 电子学报，2010，38（4）：842-847.

[186] 张宪海，杨永田. 基于脆弱水印的图像认证算法研究[J]. 电子学报，2007，35（2）：34-39.

[187] 李剑，李生红，孙锬锋. 基于Logistic混沌序列和奇异值分解的半脆弱水印算法[J]. 上海交通大学学报，2009，43（7）：1144-1154.

[188] Rajab L，Al-khatib T，Al-haj A. Hybrid DWT-SVD video watermarking[C]// Proceedings of International Conference on Innovations in Information Technology，2008：588-592.

[189] 王宏霞，范明泉. 基于质心的混合域半脆弱语音水印算法[J]. 中国科学，F辑：信息科学，2010，40（2）：313-326.

[190] 杨高波，李俊杰，王小静，等. 基于脆弱水印的 H. 264 视频流完整性认证[J]. 湖南大学学报. 2009, 36 (6): 67-71.

[191] Wang S S, Tsai S L. Automatic image authentication And recovery using fractal code embedding and image inpainting[J]. The Journal of The Recognition Society, 2008, 41 (2): 701-712.

[192] Cheung Y M, Tian W H. A sequential quantization strategy for data embedding and integrity verification[J]. IEEE Transactions on Circuits and Systems forVideo Technology, 2007, 17 (8): 1007-1016.

[193] 郭热思，彭飞. 一种采用改进奇偶量化方法的二维工程图半脆弱水印算法[J]. 小型微型计算机系统, 2010, 31 (10): 2096-2100.

[194] Yang H F, Sun X M. Semi-Fragile Watermarking for Image Authen-tication and Tamper Detection Using HVS Model[C], 2007 International Conference on Multimedia and Ubiquitous Engineering (MUE´07).

[195] Zhou X, Duan X, Wang D X. A Semi-Fragile Watermark Scheme for Image Authentication", Proc. of Int. Conf. Multimedia Modeling Conference, 2004. 374-377.

[196] Qi X J, Xin X. A quantization-based semi-fragile Watermarking scheme for image content authentication[J], J. Vis. Commun. Image R, 2011, 22 (2): 187-200.

[197] 徐涛，张艳宁. 基于固定正交基频谱分析的三维网格模型盲水印算法[J]. 光电工程, 2007, 34 (11): 119-125.

[198] 王炎，王建军，黄旭明. 一种基于ICA的多边形曲线水印算法[J]. 计算机辅助设计与图形学学报, 2006, 18 (7): 1054-1059.

[199] Wang W B, Zheng G Q. A numerieally stable fragile watermarking seheme for authenticating 3D models[J]. Computer Aided Design, 2008, 40: 634-645.

[200] 徐涛，张艳宁. 基于内容认证的网格模型脆弱水印算法[J]. 吉林大学学报, 2008, 38 (2): 429-433.

[201] 周正武，董育宁. IP网络实时视频流的传输控制算法 AVTC 的研究[J]. 计算机研究与发展, 2004, 41 (5): 812-820.

[202] 温秀梅，李虹，司亚超. 一种基于傅利叶域的音频水印嵌入算法[J]. 微计算机信息, 2006, 22 (72): 67-68.

[203] 陈雪松，金七顺，杨永田. 全球移动通信系统中语音信息隐藏算法的研究[J]. 计算机应用, 2007, 27 (4): 841-843.

[204] Sellke S H, Shloff N B, Bagehi S, et al. Timing Channel Capacity for Uniform and Gaussian Servers[C]. Allerton: Forty-Fourth Annual Allerton Conference on Communication, Control and Computing, 2006.

[205] 孙秀娟. 浅谈网络地址转换（NAT）技术[J]. 信息技术, 2006, (8): 34-36.

[206] Zhang F, Shang D F, Wang Y J. Adapting Digital Watermark Algorithm Based on Chaos

and Image Fusion[C]. Proc of the 2009 WRI Global Congress on Intelligent Systems，2009：126-130.

[207] 王育民，张彤，黄继武. 信息隐藏——理论与技术[M]. 北京：清华大学出版社，2006.

[208] 余先刚，骆炜，韩占芬. 一种基于小波变换的自同步音频盲水印技术[J]. 西安通信学院学报，2007，6（2）：1-3.

[209] Chen B，Wornell G W. Quantization Index Modulation：A Class of Provably Good Methods for Digital Watermarking and Information Embedding[J]. IEEE Transactions on Information Theory，2011，47（4）：1423-1443.

[210] Kim Y，Durie Z，Riehards D. Modified matrix eneoding teehnique for minimal distortion steganography[A]. //Johnson N，Cameniseh J. Proc. of 8th Intemational Workshop on Information Hiding，LNCS，New York：SPringer-Verlag，2006，33-37.

[211] 沈兰荪，卓力，田栋等. 视频编码与低速率传输[M]. 北京：电子工业出版社，2001.

[212] Chang M C，Lou D C，Tso H K. Combined watermarking and inger-printing technologies for digital image copyright protection[J]. The Imaging Science Journal，2007（55）：3-12.

[213] 王颖，李象霖. 数字水印的信道容量研究综述[J]. 电子与信息学报，2006，28（5）：955-960.

[214] 丁亚莉. 网络安全一防火墙应用浅述[J]. 计算机技术，2006（1）：43-45.

[215] Chen B，Wornell G W. Digital watermarking and information embedding using dither modulation [A]. //IEEE Second Workshop on Multimedia Signal Processing[C]. 2012，273-278.

[216] 陆佩忠，罗向阳，汤庆阳，等. 基于三次方程的 LSB 隐藏信息的盲检测[J]. 电子与信息学报，2005，3（27）：392-393.

[217] 王炳锡，彭天强. 信息隐藏技术[M]. 北京：国防工业出版社，2007.

[218] 闫佩君，钱聪. 基于分形维数的语音信息隐藏方法[J]. 现代电子技术　2006，29（23）：48-50.

[219] 汪晓帆，戴跃伟，矛耀斌. 信息隐藏技术方法与应用[M]. 北京：机械工业出版社，2007.

[220] 张涛，平西建，徐长勇. 基于图像平滑度的空域 LSB 嵌入的检测算法[J]. 计算机辅助设计与图形学学报，2006，101（18）：1607-1612.

[221] 王丽娜，张焕国，叶登攀，等. 信息隐藏技术与应用（第2版）[M]. 武汉：武汉大学出版社，2009.

[222] 同鸣，郝重阳，刘晓军，等. 一种基于固定附加相位修正的音频信息隐藏方法[J]. 计算机工程，2006，32（1）：213-214.

[223] 陆佰林，朱艳琴. 基于小波变换的双水印算法[J]. 微电子学与计算机，2007，24（8）：31-34.

[224] 凌贺飞，卢正鼎，杨双远. 基于 YCbCr 颜色空间的二维 DCT 彩色图像数字水印实用技术[J]. 小型微型计算机系统，2005，26（3）：482-484.

[225] 程付穗静，缪睿，周琳娜，等.基于G.711语音编码特征的自适应信息隐藏方法[A].//北京第九届全国信息隐藏暨多媒体信息安全学术大会论文集[C]，2010，15-21.

[226] Yasein M S，Agathoklis P. A wavelet-based blind image data embedding algorithm[J]. Journal of Circuits，Systems，and Computers. 2008，17（1）：107-122.

[227] 周立，柳春华，蒋天发.基于小波变换和齐值分解的图像水印算法[J].武汉大学学报（工学版），2011，44（1）：120-123.

[228] 邹长华，谭世恒，林土胜.基于混沌置乱和混沌加密的DCT域数字水印算法[J].微电子学与计算机，2011，（5）：58-62.

[229] 向德生，熊岳山，朱更明.基于视觉特性的灰度水印自适应嵌入与提取算法[J].中国图像图形学报，2006，11（07）：1026-1035.

[230] 杨俊，张贵仓.一种基于DWT和HVS的彩色图像数字水印算法[A].//第十二届全国图像图形学学术会议[C]，2005，153-156.

[231] 尹柳，易招师，陈光喜.用于图像认证的半脆弱数字水印的设计与实现[J].计算机系统应用，2009，4：144-147.

[232] 许占文，徐宏伟.基于Arnold置乱的双彩色图像水印研究方案[J].沈阳工业大学学报，2008，30（5）：572-575.

[233] 王祖喜，赵湘媛.用于图像认证的可恢复半脆弱数字水印[J].中国图像图形学报，2008，13（07）：1258-1264.

[234] 陈捷，陈标，许素芹.基于二维连续小波变换的SAR图像海洋现象特征检测[J].电子学报，2010，（9）：2128-2133.

[235] 廖峰峰，郭行波，刘文捷.基于小波变换图像编码研究[J].浙江工业大学学报，2010，（2）：197-201.

[236] 刘九芬，黄达人，黄继武.图像水印抗几何攻击研究综述[J].电子与信息学报，2004，26（9）：1495-1504.

[237] 贾朱植，祝洪宇，程万胜.基于提升小波变换的自适应盲水印算法[J].计算机工程，2011，30（02）：143-144，147.

[238] 何春元，梁伟，张建勇.改进的混沌优化算法及其在函数优化中的应用[J].河海大学学报（自然科学版）.2008，36（3）：423-426.

[239] 李子良，田启川，朱艳春，等.基于小波变换的灰度水印嵌入算法[J].微计算机信息，2010，26（05）：199-201.

[240] 年桂君，刘鸿石，车晓镭，等.预测滤波器在空域盲加性水印系统中的应用[J].吉林大学学报（工学版），2011，41（1）：249-253.

[241] 王秀丽，邱联奎.基于Arnold置乱和DCT变换的图像水印算法[J].通信技术，2010，43（04）：223-227.

[242] Voloshynovskiy S，Pereira S，Pun T. et al. Attacks on digital water-marks：Classification，

estimation-based attacks and benchmarks [J]. IEEE Communications Magazine, 2001, 39 (8): 118-126.

[243] 张琳, 刘曦, 李大海, 等. 一种 YUV 颜色空间下的多视差图偏色校正方法[J]. 液晶与显示, 2010, (2): 278-282.

[244] 杨蕊, 普杰信. 一种基于分块 DCT 的盲灰度水印算法[J]. 计算机应用研究, 2005, 22 (7): 165-168.

[245] Potdar V M, Han S, Chang E. A survey o f digital image watermarking techniques [A] / /2005 3 rd IEEE International Conference on Industrial Informatics[C]. Perth: IEEE Press. 2005: 709-716.

[246] 何冰. 一种基于 DWT 域的彩色图像数字水印算法[J]. 计算机与数字工程, 2011, (6): 126-130.

[247] 张玉金, 蒋品群. 基于 Block-SVD 的小波域彩色图像数字水印算法[J]. 计算机工程与应用, 2008, 44 (33): 155-157.

[248] 孙家广, 杨长贵. 计算机图形学 (新版) [M]. 北京: 清华大学出版社, 1995: 323-324.

[249] 符浩军, 朱长青, 缪剑, 等. 基于小波变换的数字栅格地图复合式水印算法[J]. 测绘学报, 2011, 03.

[250] 汪烈军, 张太镒, 李小和. 基于图像内容的半易损水印认证算法[J]. 微电子学与计算机, 2007, 24 (2): 139-141.

[251] 迟健男, 张闯, 张朝晖, 等. 基于反对称双正交小波重构的图像增强方法[J]. 自动化学报, 2010, (4): 475-487.

[252] 高珍, 台莉春, 张志浩. 数字水印对抗几何攻击方法的研究[J]. 计算机工程, 2006, 32 (5): 135-137.

[253] 陈武凡, 杨丰, 江贵平. 小波分析及其在图像处理中的应用[M]. 北京: 科学出版社, 2002: 171-176.

[254] 杨艳妮. 小波多分辨率分析在信号去噪中的应用[J]. 热带农业工程, 2009 (1): 57-60.

[255] Kang X G, Shi Y Q, Zeng W J, et al . Multi-band wavelet based digital watermarking using principal component analysis[J]. //Proceedings of the International Conference on Digital Watermarking 2005, Lecture Notes in Computer Sciences[C], 2005, 3710: Hambury: Springer-Verlag, 139-146.

[256] 楼偶俊, 王钲旋. 基于特征点模板的 Contourlet 域抗几何攻击水印算法研究[J]. 计算机学报, 2009, 32 (2): 308-317.

[257] 姚涛. 基于 Contourlet 变换的双重视频水印方案[J]. 计算机工程, 2011, 37 (8): 143-145.

[258] 牛少彰, 舒南飞. 数字水印的安全性研究综述[J]. 东南大学学报 (自然科学版), 2007, 47 (1): 220-224.

[259] 林克正, 杨微. 基于运动矢量统计的压缩域视频水印算法[J]. 哈尔滨理工大学学报,

2010，15（2）：51-54.

[260] Jiang X D，Yau W Y. Fingerprint minutiae matching based on the local and global structures [C]. Proceedings of 15th national Conference on Pattern Recognition （ICPR' 00）. Barcelona：IEEE Computer Society Press，2000，1038-1041.

[261] Luo X P，Tian J，Wu Y. A minutia matching algorithm in finger-print verification[C]. Proceedings of 15th International Conference on Pattern Recognition （ICPR' 00）. Barcelona：IEEE Computer Socie-ty Press，2000：833-836.

[262] 赵永忠，兰巨龙，刘勤让. 10Gbps线路接口设计分析与实现[J]. 微电子学与计算机，2004，22（2）：158-160.

[263] Campisi P，Neri A. Video Watermarking in the 3D-DWT Domain Using Perceptual Masking [J]. IEEE International Conference on Image Processing. 2005，1：997-1000.

[264] Navas K A，Cheriyan A M，Lekshmi M，et al. DWT-DCT-SVD Based Water marking[C] MProc of the 3rd Int. l Conf on Communication Systems Software & Middleware and Workshops，2008：271-275.

[265] 刘外喜，高鹰，胡晓. 虚拟实验室在计算机网络课程教学中应用的设计[J]. 计算机教育，2007，4（8）：72-76.

[266] 刘连山，李仁厚，高琦. 一种基于彩色图像绿色分量的数字水印嵌入方法[J]. 西安交通大学学报，2008，38（12）：1256-1259.

[267] 沈晓峰，马小虎. 一种基于离散余弦变换和奇异值分解的数字水印算法[J]. 南通大学学报，2006，5（3）：11-15.